U0325834

森林治污减霾功能研究

——以北京市和陕西关中地区为例

牛　香　薛恩东　王　兵
张维康　党景中　姜　艳　编著

科学出版社

北京

内 容 简 介

本书以北京市和陕西关中地区为例，基于生态连清技术，采用分布式测算方法，研究了不同森林植被吸收气体污染物及滞纳空气颗粒物的能力。书中第 1 章介绍了森林治污减霾的基本范畴、国内外研究进展等；第 2 章介绍了森林治污减霾功能生态连清体系的构建；第 3 章针对森林滞纳颗粒物监测方法的构建，对比了不同测试方法的研究结果；第 4 章研究了陕西关中地区2010~2015 年造林规划实施以来森林植被在治污减霾中的作用；第 5 章研究了北京市现有森林植被吸滞空气污染物的功能量，并对北京市百万亩造林规划提出了造林树种建议；第 6 章阐释了森林治污减霾的特征，并对未来森林植被在治污减霾中的功能进行了展望。

本书可供森林生态学及大气环境科学研究人员和相关的管理部门人员参考使用。

图书在版编目（CIP）数据

森林治污减霾功能研究：以北京市和陕西关中地区为例/牛香等编著.—北京：科学出版社，2017.4
　　ISBN 978-7-03-051920-7

Ⅰ.①森… Ⅱ.①牛… Ⅲ.①森林–关系–空气污染–污染防治–研究–北京 ②森林–关系–空气污染–污染防治–研究–陕西 Ⅳ.①S718.5 ②X51

中国版本图书馆 CIP 数据核字(2017)第 040112 号

责任编辑：张会格 夏 梁 / 责任校对：钟 洋
责任印制：张 倩 / 封面设计：刘新新

科 学 出 版 社 出版
北京东黄城根北街 16 号
邮政编码：100717
http://www.sciencep.com
中国科学院印刷厂印刷
科学出版社发行　各地新华书店经销
＊

2017 年 4 月第 一 版　开本：720×1000 1/16
2017 年 4 月第一次印刷　印张：9 1/4
字数：187 000
定价：108.00 元
(如有印装质量问题，我社负责调换)

《森林治污减霾功能研究——以北京市和陕西关中地区为例》项目组

完成单位：

中国林业科学研究院森林生态环境与保护研究所
陕西省林业厅
陕西省林业调查规划院

野外工作与数据测算组：

房瑶瑶	李 洋	董军录	董 熙	陈明叶	邢聪聪
董玲玲	高荣年	闫继斌	郑宏伟	李晓艳	王 丹
陈 波	石 媛	刘 斌	刘祖英	宋庆丰	师贺雄
王晓燕	孔令伟	曾 楠	丛日征	王 慧	高志强
张维康					

报告编写组：

牛 香	薛恩东	王 兵	张维康	党景中	宋庆丰
于军胜	房瑶瑶	王雪松	陈 波	师贺雄	郭 慧
王 丹	刘祖英	魏文俊	殷 杉	潘勇军	王 磊
管清成	杨会侠	李明文	姜 艳	丁访军	马平安
石玉林	王华青	刘春江	高 鹏	鲁绍伟	李少宁
李俊生	谷建才	周 梅	魏江生	刘胜涛	张 阳
徐丽娜	王学文	彭 巍	秦建明	杜鹏飞	梁立东
骆媛媛	郭文霞	黄龙生	付 晗	陶玉柱	张金旺
张玉龙	刘云超	刘胜涛			

当前和今后陕西省林业在治污减霾、改善生态环境方面的任务和行动[*]（代序）

当前和今后一个时期，陕西林业将以建设美丽陕西、推进生态文明为重任，加快造林绿化步伐，加大资源保护力度，努力实现省委省政府提出的"关中大地园林化、陕北高原大绿化、陕南山地森林化"的生态建设战略目标。

在治污减霾方面，2013年省林业厅制订并实施了《关中城市群治污减霾林业三年行动方案》，具体讲要抓好以下10项重点工作。

一是确定全省林业生态建设任务指标。三年时间内造林1200万亩^{**}，恢复保护湿地220万亩，治理荒沙300万亩，森林覆盖率提前达到45%。

二是大力实施军民共建生态林。以黄土高原、黄河峡谷、中国林博园、秦岭中央公园、陕西省苗木中心园区为重点，大力营造"八一"林、"双拥"林、"生态文化"林。

三是建设黄河千里绿带示范区。两年建成韩城龙门至潼关，宽1km、长200km的黄河绿带示范区，中远期完成府谷至潼关的黄河大峡谷千里绿带。

四是建设关中地区两个"百万亩"生态系统。在县城周边形成千亩林，市级城区周边形成万亩林，建设平原森林百万亩；依托河流、湖泊、水库，加强湿地自然保护区和湿地公园保护建设，保护恢复湿地百万亩。

五是建设黄土高原两个"百万亩"生态基地。在黄土高原大力推进百万亩樟子松基地建设，提高常绿树种比例；全速推进百万亩野樱桃基地建设，为开发沙区绿色能源林奠定好基础。

六是建设1000万亩木本油料基地。扩大野樱桃、牡丹、油茶、核桃、花椒、文冠果、元宝枫种植面积，形成1000万亩木本油料基地林。

七是实施退耕还林工程、天然林保护工程、三北防护林工程、京津风沙源治理二期工程和我省林业治污减霾三年行动方案确定的重点工程，改善缺林少林地区的绿化现状，扩大森林面积；在全省形成布局合理、结构良好的防护林体系。

---

* 摘自陕西省林业厅副厅长王建阳在《陕西省关中治污减霾功能评估报告》发布会上答记者问，根据陕西网络广播电视台发布的视频文件整理（http://www.snrtv.com/content/2014-11/ 03/content_11789056.htm? COLLCC=298229082&）

** 1亩≈666.7m²，下同

八是加强古树名木、野生动植物的保护工作，加快、加强对湿地的保护，搞好森林防火和森林病虫害防治工作，防止森林乱砍滥伐现象的发生，加大现有资源保护的工作力度。

九是研究森林资产保护生态资源，让生态文明和美丽陕西向具体化、数字化、价值化发展。

十是弘扬生态文化，开展中小学生"走进森林、感受自然"活动，让生态文明理念深入人心。

陕西省森林面积不断增加，但近年来雾霾天气却越来越严重的原因[*]（代序）

　　关中地区生态环境和林业生态建设发展之间的关系是广大民众非常关心的问题，也是关系到政府执政为民理念如何更好落实的问题。一方面，今天生态环境的恶化是历史遗留问题。过去人类在工业文明和农业文明的发展上取得了非常辉煌的成就，但是忽略了环境问题。随着社会进入到科学发展阶段，反思历史，我们深刻认识到经济发展对环境造成的严重污染和破坏问题。因此，把生态文明建设融入到政治、经济、社会、文化建设中，形成"五位一体"的发展理念，是非常正确和高瞻远瞩的。此外，由于经济发展的调整，全国工业布局向西部倾斜。人口增长、机动车数量增加等原因使得污染排放超出了生态系统短期内能够治理的能力，我们的积极治理并不能在短期内把历史积累问题彻底解决。例如，2000～2012 年，关中地区民用汽车总量由 28.05 万辆增加到 222.56 万辆，增长了近 7 倍。特别是目前我们的经济还在增长，民生也在改善，同时，为了我国东、西部的平衡发展，很多工业也在向西部转移，形成经济腾飞的新增长点，这种宏观布局调整也会给关中地区环境治理带来更大压力。我认为治理是会持续坚持，始终要进行的，但是要见效，一是要在治理上加大力度，二是在生活习惯或经济发展方式上，加强节能减排也很重要。因此，增加生态产品产量，提升森林和湿地的生态系统服务功能，同时加强节能减排，这样我们希望生态环境好转的愿望可能就会更快实现。研究数据说明，我们林业的治污减霾成绩是显著的，但还需要多方面的协调匹配。

　　另一方面，我们在森林和湿地生态建设方面取得了很大的进展，但是生态系统恢复不是一朝一夕的事。森林要从幼龄长到成熟，森林生态系统的服务功能才能达到较高水平。森林、湿地生态系统服务功能的恢复需要一个过程，其功能要发挥到较高水平，还需要生态系统生物多样性达到一定的旺盛生理代谢状态，才能有更好的治污减霾效果。我们的生态建设是最近一二十年才开始逐渐加大力度

---

* 摘自尹伟伦院士在《陕西省关中治污减霾功能评估报告》发布会上答记者问，根据陕西网络广播电视台发布的视频文件整理（http://www.snrtv.com/content/2014-11/03/content_11789056.htm?COLLCC=298229082&）

的，生态系统恢复还处在初期阶段，至少要再经过二十年的时间，才能发挥更强大的功能。

从本次的科学评估也能够看出，林业治污减霾功能具有很大的提升潜力。只有通过加大生态治理的力度，增加森林面积，提升森林质量，同时加强节能减排，促进经济发展与生活等方面的协调匹配，才能加快达到理想愿景的步伐。

前　言

随着经济的快速增长，我国城市化进程逐渐加快，城市人口迅速膨胀，导致能源消耗规模不断增加，空气污染已成为区域性环境问题，严重危害着人类健康。例如，高浓度空气颗粒物、二氧化硫（SO_2）和氮氧化物（NO_x）等污染物能够引起呼吸系统症状，增加肺部阻塞的危险性（范春阳，2014；Li et al.，2004；Burtraw et al.，2003）；空气颗粒物，尤其是细颗粒物（$PM_{2.5}$）等，具有强散射作用，会引起大气能见度降低，也是导致雾霾天气发生的重要诱因（尚倩等，2011；吴兑等，2007）；由于其不仅本身是污染物，还是其他有毒有害污染物的载体，因而备受社会各界广泛关注。因此，对空气污染带来的新问题进行全面、系统、深入的研究，为解决空气污染问题提供翔实的数据支撑已迫在眉睫。

目前，减少空气污染物主要有两条途径：一是控制污染物排放源，如减少工厂"三废"的排放，改变能源结构，减少汽车数量等；二是通过森林植被的吸收、滞纳、减缓传播速率、改变传播方向等途径，降低空气污染物浓度。相对于第一条途径成本高、影响经济发展等特点，第二条途径具有成本低、代价小、综合效益高等优点。因此，人们越来越清晰地认识到森林在净化大气环境中的作用。例如，与城市其他类型下垫面相比，森林具有更大的吸附表面积和更强的湍流，因而能够提高颗粒物沉降速率并增加其沉降在叶片表面的概率（McDonald et al.，2007；Fowler et al.，2004）；同时，森林植被能够有效吸收空气中的 SO_2、NO_x 及臭氧（O_3）等气体污染物（Smith，1984），降低二次气溶胶的形成（Amann et al.，2013）；此外，森林植被还可以通过释放氧气、负离子、有机挥发物等方式（粟娟等，2005），达到进一步改善环境空气质量的重要作用。为了阐释森林生态系统的主要功能，凸显森林在大气污染防治行动计划中的作用，本书以北京市和陕西关中地区（以下简称"关中地区"）为例，开展森林治污减霾功能的研究。

北京市作为首都，是全国政治、文化中心，也是我国城市化快速发展的典型。自 2008 年奥运会以来，空气污染日趋严重，雾霾频发，已成为危害北京市空气质量的最严重因素。

陕西关中地区是我国西部唯一的高新技术产业开发带和星火科技产业带，目前已形成了高等院校、科研院所、国有大中型企业相对密集且能够辐射西北经济发展的产业密集区，是全国产业布局的重点区域（储伶丽和郭江，2011）。近年来随着工业化和城市化进程的快速推进，关中地区大气污染日益严重，区域性及复合性大气污染问题日益突出，灰霾天气出现的频率逐年增加，目前成为全国大气污染较严重的地区之一。

本书通过森林治污减霾连清体系的构建，采用分布式测算方法，分别在北京市和陕西关中地区建立了 2720 个和 1190 个均值化测算研究单元。同时在满足代表性、全面性、简明性、可操作性及适应性等原则的基础上，选取了 9 个指标，包括森林提供负离子、吸收二氧化硫、吸收氟化物、吸收氮氧化物、固碳、释氧、滞纳总悬浮颗粒物（TSP）、滞纳可吸入颗粒物（PM_{10}）、滞纳细颗粒物（$PM_{2.5}$），对北京市和关中地区森林植被治污减霾功能进行研究，主要结果为：①关中地区 2010～2015 年造林树种滞纳 TSP、PM_{10}、$PM_{2.5}$ 的量分别为 7.2444×10^6kg/a、5.8070×10^6kg/a、1.0522×10^6kg/a，提供负离子个数为 5.9540×10^{23} 个/a，吸收二氧化硫、氟化物、氮氧化物的量分别为 4.6756×10^7kg/a、6.2700×10^5kg/a、1.6196×10^6kg/a，固碳、释氧的量分别为 1.6680×10^5t/a 和 2.0930×10^5t/a；②北京市现有森林植被每年滞纳 TSP、PM_{10}、$PM_{2.5}$、$PM_{1.0}$ 的量分别为 4.5128×10^6kg/a、2.7413×10^6kg/a、1.0761×10^6kg/a、1.5990×10^5kg/a，提供负离子个数为 2.7005×10^{24} 个/a，吸收二氧化硫、氟化物、氮氧化物的量分别为 5.7467×10^7kg/a、1.5791×10^6kg/a、2.6641×10^6kg/a，固碳、释氧的量分别为 1.0320×10^6t/a 和 2.4216×10^6t/a。

上海交通大学刘春江教授、山东农业大学高鹏教授、北京市农林科学院鲁绍伟研究员和李少宁副研究员、中国环境科学研究院李俊生研究员和王效科研究员、中国林业科学研究院郭泉水研究员、河北农业大学谷建才教授、中国科学院沈阳应用生态研究所代力民研究员、东北林业大学蔡体久教授和陈祥伟教授、内蒙古农业大学周梅教授和魏江生教授等均认真阅读了本书的相关章节并提出了宝贵建议，在此也一并表示特别感谢。

由于空气污染物，特别是空气颗粒物的相关研究正处于快速发展时期，书中难免存在不足，敬请读者不吝批评指正。

编著者

2016 年 2 月

特 别 提 示

1. 本研究所提及的森林治污减霾功能是指森林生态系统通过吸附、吸收、固定、转化等物理和生理生化过程，实现对空气颗粒物（$PM_{2.5}$、PM_{10} 和 TSP 等）和气体污染物（SO_2、CO、HF、NO_x 等）的消减作用，并能够提供空气负离子、吸收二氧化碳（CO_2）、释放氧气（O_2），从而达到改善区域空气质量的能力。

2. 本研究依据森林生态系统治污减霾功能连续观测与清查体系（简称"森林治污减霾功能连清体系"），基于分布式测算方法，对陕西关中地区和北京市森林治污减霾功能的物质量进行测算研究。其中，关中地区的研究区包括宝鸡市、杨凌区、西安市、渭南市、铜川市、韩城市、咸阳市；北京市的研究区包括东城区、西城区、朝阳区、海淀区、丰台区、石景山区、门头沟区、房山区、通州区、顺义区、大兴区、昌平区、平谷区、怀柔区、密云县和延庆县。

3. 本研究所采用的数据源包括：①森林治污减霾功能生态连清数据集：北京市城市森林环境监测站、关中地区及周边森林生态站和辅助观测点的长期连续观测数据；②森林资源连清数据集：截至 2014 年的陕西省森林资源二类调查数据，北京市第七次森林资源连续清查数据。

4. 依据中华人民共和国林业行业标准——《森林生态系统服务功能评估规范》（LY/T 1721—2008），针对不同地域和优势树种（组）开展森林治污减霾功能的评估测算研究，评估指标包括固碳、释氧、滞纳 $PM_{2.5}$、滞纳 PM_{10}、滞纳 TSP、提供负离子、吸收二氧化硫、吸收氟化物、吸收氮氧化物。

5. 当用现有的野外观测值不能代表同一生态单元同一目标林分类型的结构和功能时，为更准确获得这些地区的生态参数，本研究引入了森林生态功能修正系数，以反映同一林分类型在同一区域的真实差异。

凡是不符合上述条件的其他研究结果均不宜与本研究结果简单类比。

目　　录

第1章　森林治污减霾功能研究进展

森林生态系统是陆地生态系统的主体和重要资源，具有分布广、类型多、生态功能强等特点，并能够与人类居住区镶嵌分布（如城市森林），成为人类与环境最密切的联系界面之一。最重要的是，森林能够通过增加地表粗糙度、降低风速来达到吸收气体污染物、滞纳空气颗粒物的效果（刘萌萌，2014；McDonald *et al.*，2007）。森林高大的林冠层叶表面积、独有的叶片生物学特性、强大的空气颗粒物滞纳能力等均为净化大气环境功能提供了重要的生物学和生态学基础。然而，不同植被类型吸滞空气污染物的能力存在差异，且森林消减空气颗粒物的能力还与区域环境、空气颗粒物特性、季节变化等因素有关。因此，在本研究中，选择不同的地理区域（北京市和陕西关中地区），通过指标体系和研究方法的构建，开展森林植被治污减霾功能研究。主要目的在于通过对比研究不同植被类型对空气污染物的吸滞能力，筛选出吸滞空气污染物能力较强的植被类型，为进一步科学指导植树造林提供科学数据支撑。

1.1　目　的　意　义

随着经济和社会的快速发展，人们对绿色、生态、健康的需求越来越迫切，良好的生态环境已成为吸引人才、科技、资源的一项重要影响因素。而森林作为影响生态环境质量的一个重要因素，已成为人类生存发展不可或缺的生态保障，关系着国家的生态安全。对森林净化大气环境功能进行科学、量化研究，能够充分体现林业在建设和谐社会和小康社会中的地位和作用。

森林植被可以有效降低空气污染物浓度，这一研究已经得到国内外科学家的证实。目前，中国环境污染问题，特别是大气污染问题日益突出，严峻的生态环境形势和严重的生态环境问题，对改善生态环境提出了迫切的要求。客观、动态、科学地研究森林治污减霾功能对于提高人们的环保意识、改善环境质量、科学指导造林规划及正确处理社会经济发展与生态环境保护之间的关系有着重要的意义。同时，通过选择高效治污减霾树种，营造森林群落，增加植被覆盖率，可以有效减少大气污染，从而为政府的大气污染防治行动计划提供科学依据。

1.2　概　　　述

森林治污减霾功能是森林植被降低环境污染能力的重要体现，主要途径是通过对空气污染物的吸附滞纳，以及提供负离子、释放芬多精等来完成。一般来说，空气污染物可以分为气体污染物和颗粒物污染物两类。气体污染物包括 SO_2、NO_x、HF、CO 和 O_3 等污染物；颗粒物污染物包括风蚀过程形成的矿物沙尘、光化学反应形成的水溶性颗粒物、石油与煤炭燃烧形成的碳质颗粒物和有机质颗粒物等。

森林治污减霾功能是指森林生态系统通过吸附、吸收、固定、转化等物理和生理生化过程，实现对空气颗粒物（$PM_{2.5}$、PM_{10} 和 TSP 等）、气体污染物（SO_2、HF、CO、NO_x 等）的消减作用，同时能够提供空气负离子、吸收二氧化碳并释放氧气，从而达到改善区域空气质量的能力。

由于颗粒物粒径分布的不同（图 1-1），其引发的危害也不尽相同。当前，高浓度的空气颗粒物和 SO_2、NO_x 等气体污染物严重危害着人体健康，并引发一系列呼吸系统疾病；同时，颗粒物中的细颗粒物具有较强的散射作用，会引起空气能见度降低，这也是导致雾霾天气发生的重要诱因（吴兑，2012；尚倩等，2011）。

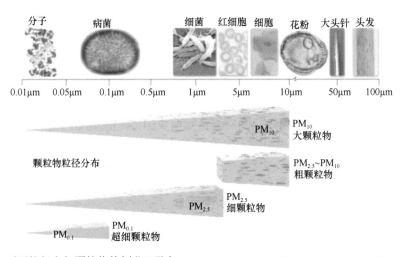

图 1-1　不同粒径空气颗粒物的划分（引自 Science，307：1857-1861；News Focus：March 2005）

颗粒物按照粒径分布，一般可划分为总悬浮颗粒物（TSP，空气动力学直径小于 100μm）、PM_{10}（空气动力学直径小于或等于 10μm）、$PM_{2.5}$（空气动力学直径小于或等于 2.5μm）、$PM_{1.0}$（空气动力学直径小于或等于 1.0μm）等。

森林植被治污减霾功能得以实现主要有两方面原因：一是森林植被的存在使得地表粗糙度增加，并通过降低风速进而提高空气颗粒物的沉降概率；二是森林植被叶片表面结构特征及理化性质也为颗粒物的附着提供了更为有利的条件（图 1-2）。例如，森林植被的枝、叶、茎能够通过气孔或皮孔吸收颗粒物前体物质（包括 CO、

SO$_2$、NO$_x$、O$_3$ 等气体污染物）和细小的空气颗粒物（Elena *et al.*，2011；Kazuhide *et al.*，2010；Nowak *et al.*，2006；Sehwela，2000），从而降低空气污染物的浓度（图 1-2）。此外，复杂的林冠层结构（林冠大小和形状等因素）和叶片特征（形状、表面微观结构）是森林发挥治污减霾功能的基础。因此通过植树造林来增加地表覆盖率，可以有效地降低空气污染物的浓度，进而达到净化大气环境目的。

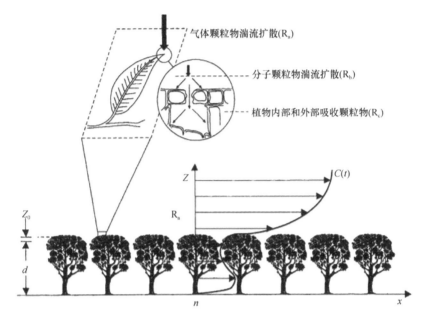

图 1-2　森林颗粒物沉降过程（Erisman and Draaijers，2003）

1.3　国内外研究进展

人类对森林治污减霾功能的研究主要经历了从气体污染物、空气颗粒物到森林植被吸滞空气污染物的功能研究三个过程。

1.3.1　国外研究进展

1. 气体污染物研究进展

自工业化以来，空气污染日趋严重，空气质量遭到严重破坏，环境问题逐渐引起人类的重视。例如，19 世纪英国科学家史密斯于 1852 年分析了英国工业城市曼彻斯特附近的雨水成分，发现雨水中含有硫酸、酸性硫酸盐、硫酸铵等成分，指出由于雨水中含有酸性物质，可以毁坏森林，使湖泊变成"死湖"，对环境造成极其严重的污染；在此研究基础上，1872 年史密斯编著了《空气和降雨：化学气候学的开端》一书，书中首次采用了"酸雨"这一术语。1895 年，瑞典化学家和物理学家 Svante Arrhenius 研究了空气中 CO_2 的增加对空气温度的影响，首次提出，如果空气中 CO_2 增加或降低 40%，将会导致全球冰河的消融或发展。1962 年，蕾切尔·卡逊出版了《寂静的春天》一书，书中描绘了由于人类过度使用化肥、农药等引起的空气、土壤和水体污染问题，对人类发展造成了严重的影响。史密斯和 Svante Arrhenius 的研究使人们开始关注空气污染所产生的危害，但尚未对危害产生的原因进行深入的思考和探索；而《寂静的春天》的出版不仅引起了人类对空气污染的普遍关注，还使人们开始反省人类生产活动是如何对环境造成破坏的。进入 20 世纪，在经历了伦敦烟雾事件（1952 年 12 月）、美国洛杉矶光化学事件（20 世纪 40 年代）和日本水俣事件（1953 年）等一系列世界污染事件后，人类开始从关注认识空气污染阶段进入研究治理空气污染阶段。具有代表性的事件是欧洲森林健康监测网络（ICP Forest Monitoring Level-1）的建立，该网络在欧洲 23 个国家建立了 6860 个监测点，主要对欧洲整体环境质量进行监测和评估，监测内容包括空气质量、土壤水分、森林生长状况及降水等因子。

2. 空气颗粒物研究进展

对空气颗粒物的研究始于 20 世纪 70 年代，最初关注的是全颗粒物的化学分析，如全颗粒物的化学反应过程和化学反应产物（Seinfeld，1975）；随后 McCrone 和 Delly 使用光学显微镜获得了空气颗粒物粒径图集（Dockery et al.，1993），人们对空气颗粒物的研究从全颗粒物进入到单颗粒物的观测。

进入 20 世纪 80 年代后，对于空气颗粒物的研究主要从颗粒物的形貌、粒径、结构、化学组成和矿物组成等方面入手（表 1-1）。自此，颗粒物的矿物学、形态学、化学成分及颗粒物之间各种效应关系的研究大量涌现（Paoletti et al.，1999；Mamane and Noll，1985）。与此同时，人们开始关注空气颗粒物对人体健康的影响。1993 年 Dockery 等首次提出了 PM_{10} 对人体健康产生严重危害；随着研究的深入，细颗粒物（$PM_{2.5}$）逐步进入研究者的视线（图 1-3）。

表 1-1　国外不同地区空气颗粒物主要来源解析

研究者	研究地点	研究年份	颗粒物的主要组成成分
Glenr	美国东部	1999~2000	颗粒物主要来源是木材氧化（25%~66%），柴油机排放（14%~30%），熏烤（5%~12%），汽车尾气排放（10%）
Anna	波兰	2013~2014	颗粒物主要来源是认为源和地质方面成分占 37.2%。土壤成分占 18.6%，机动车辆释放占 19.5%
Kourtchev	德国西部	2008	颗粒物中有机碳主要组成部分是脂肪酸、糖、生物质燃料等
Grazia	意大利	2001	颗粒物主要来源于二次发生物、地壳元素

3. 森林植被对空气污染物吸滞功能研究进展

森林的冠层结构能够增加地表粗糙度，降低风速，对空气颗粒物起到阻滞作用，从而为空气颗粒物沉降提供有利条件；此外，森林植被的蒸腾、呼吸和光合作用能够增加空气湿度，降低温度，营造有利于污染物沉降和吸收的小环境，如图 1-4 所示。因此，森林在提升空气质量和改善区域小气候等方面起着重要的作用（Smith *et al.*，2004；Beckett *et al.*，2000b）。森林植被吸滞空气污染物功能的研究主要集中在以下三个尺度。

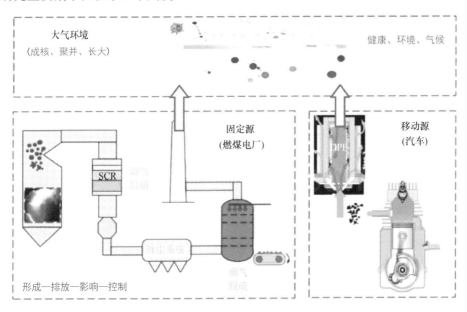

图 1-3　固定源、移动源细颗粒物排放及其影响

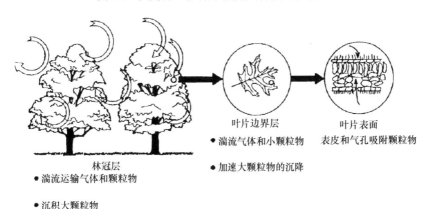

图 1-4　不同尺度植被对空气颗粒物的吸滞功能示意图（Mitchell *et al.*，2010）

一是叶片尺度。主要关注叶片表面结构对空气颗粒物的滞纳作用。由于不同树种叶片表面结构和性质不同，诸如表皮毛的数量和分布、叶片纹理、蜡质的理化特征和厚度、分泌物的数量和组分等均会导致其滞纳空气颗粒物的功能存在差异；同时空气颗粒物的理化性质对树种叶片生长发育也存在影响（Mitchell *et al.*，

2010）。例如，Beckett 等（2000a）选取了白面子树（*Sorbus aria*）、栓皮槭（*Acer campestre*）、美洲黑杨（*Populus deltoides*）、松树（*Pinus nigra*）、柏树（*Leyland cypress*）为研究对象，通过控制试验对叶片滞纳空气颗粒物能力进行了研究。研究结果表明，针叶树种叶片移除能力强于阔叶树种；在针叶树种中，松树比柏树的滞纳能力强；而在阔叶树种中，白面子树的滞纳能力最强，美洲黑杨的滞纳能力最差。Smith 等（2004）研究发现，尽管测试环境条件差异很大，但不同植物叶片的空气颗粒物附着密度排序与上述研究基本一致，一般是松类单位叶片附着密度大于柏类，总体上呈现针叶树种高于阔叶树种；Smith 还认为树种间滞尘能力的差异是由叶片的形态结构特征决定的，植物叶片滞尘能力主要与其叶表面的表皮毛、纹理、分泌物、蜡质等形态结构密切相关，这与其他研究结果（Hwang *et al.*，2011）相似。Pal 等（2002）研究了汽车尾气排放对不同树种叶片吸滞颗粒物能力的影响，结果指出，在有汽车尾气排放环境下生长的叶片，叶片表面滞纳的颗粒物量要大于无汽车尾气环境生长的叶片，但是这种变化同时也受到叶片表面结构，如蜡质层、绒毛长短和气孔密度的影响。

二是单株林木尺度（图 1-5）。由于不同树种枝干比例、叶片含量和树冠形状存在很大的差异，树种滞尘量存在显著区别。例如，Sæbø 等（2012）选取欧洲赤松（*Pinus sylvestris*）、红豆杉（*Taxus wallichiana*）、白桦（*Betula platyphylla*）、小叶椴（*Tilia cordata* Mill）等针阔乔木树种，研究其对空气中 PM_{10}、$PM_{2.5}$ 的移除能力。结果发现，欧洲赤松和红豆杉滞纳颗粒物（PM_{10} 和 $PM_{2.5}$）能力较强，吸附值为 24～55$\mu g/cm^2$，小叶椴滞纳颗粒物能力较差，吸附值仅为 6～13$\mu g/cm^2$。Mitchell 等（2010）认为，某些阔叶树种具有"自清洁"特性，导致滞留颗粒物

图 1-5　单株林木尺度植被滞纳空气颗粒物示意图

能力较差，具有代表性的树种是银杏，其叶片表面亲水性较差，具有"荷花效应"，"自清洁"能力强，因此其滞纳空气颗粒物能力较差。Nowak 等（2006）对美国 55 个城市绿化树种去除空气颗粒物和气体污染物进行了研究，结果发现 55 个城市绿化树种可以移除 PM_{10} 总量约 214 900t，价值约为 9.69 亿美元，移除污染物总量约为 711 300t，价值合计为 38.28 亿美元。

三是林分尺度。通过监测不同植被中空气颗粒物的质量浓度，结合气象学、植物物候学和空气动力学等参数，分析林分尺度对颗粒物沉降作用的影响（Petroff et al.，2008）（图 1-4）。例如，Smith 等（2004）研究了不同林分在不同风速下对 $PM_{2.5}$ 沉降速率的影响，发现风速为 3～9m/s 时，空气颗粒物相对沉降速率为 0.1～2.9cm/s，随着风速的增加，颗粒物沉降速率也增加；研究结果还表明，针叶林沉降颗粒物速率大于阔叶林。Nowak 等（2013）对美国 10 个城市不同森林面积移除 $PM_{2.5}$ 的质量及价值进行了估算，结果显示，10 个城市的森林清除 $PM_{2.5}$ 的质量为 4.7t（雪城）～64.5t（亚特兰大），价值为 110 万美元（雪城）～6010 万美元（纽约）。

1.3.2　国内研究进展

我国自改革开放以来，由于实行高消耗、重污染的经济增长模式，造成了"先污染，后治理"的局面，因此在生态环境安全方面埋下了巨大隐患。20 世纪 70 年代，人们已经逐渐意识到了环境污染带来的巨大危害，并颁布了相关政策法规，开展了大量治理研究工作。例如，1973 年我国发布了第一个国家环境标准《工业"三废"排放试行标准》，规定了一些空气污染物排放标准；1987 年，我国颁布了针对工业和燃煤污染防治的《中华人民共和国大气污染防治法》，将法律的手段应用到预防和治理大气污染工作中，强化了对大气污染的预防和治理。同时国内的一些科学家开始针对已经出现的环境问题展开了相关研究工作。例如，王羽亭（1983）总结了人类社会发展过程中环境问题的演变，重点阐述了工业革命以来，特别是进入 20 世纪以来的环境问题，指出了防治大气污染的重要性，并提醒人们开始对环境污染进行治理。韩国刚（1989）在《救救中国》一书中综合性地讲述了中国 20 世纪 80 年代大气污染的形成过程、污染类型及对人类造成的危害，使人们对大气污染有了更深刻的认识，并提出了我国治理大气污染急需采取的措施。

进入 21 世纪，特别是 2008 年以来，北京、上海和广州等全国一线城市陆续出现严重的雾霾天气，这时空气污染物，尤其是空气颗粒物（PM_{10} 和 $PM_{2.5}$）已成为防治和研究的重点对象。国内对于空气颗粒物的研究主要从以下三个方面开展。

1. 空气颗粒物与气象因素间的相关性

樊文雁等（2009）在 2007 年夏秋两季，借助北京 325m 高的气象塔，分别在塔高为 8m、80m 和 240m 处设置平台进行梯度观测，研究了不同天气状况下（雾、霾、晴三种天气状况）空气颗粒物质量浓度垂直变化特点，发现稳定的大气过程更容易出现雾霾，且近地面细颗粒物质量浓度明显高于较高层；吴志萍等（2008）研究了清华大学校园内 6 种城市绿地 $PM_{2.5}$ 质量浓度的日变化和月变化规律，分析了不同绿地类型下 $PM_{2.5}$ 质量浓度差异及不同天气条件对 $PM_{2.5}$ 浓度的影响；刘辉等（2011）于 2008 年 6～9 月对清华大学校园和北京郊区密云水库进行了空气颗粒物的观测对照试验，共采集 180 份 $PM_{2.5}$ 样品分析其来源，研究认为气象条件是影响 $PM_{2.5}$ 及其水溶性离子浓度的重要因素。

2. 空气颗粒物的时空变化特征

空气颗粒物的时空变化特征主要体现在时间变化规律（日变化、季节变化）和空间变化规律。杨洪斌等（2012）认为，因排放源的多样性，能源结构、气候条件等方面的差异性，会导致空气颗粒物在成分组成上存在时间和空间的异质性（图 1-6）；于建华等（2004）对北京市 PM_{10} 和 $PM_{2.5}$ 质量浓度日变化进行了研究，发现两种颗粒物日变化趋势基本一致，最高值分别出现在 6:00～9:00 和 21:00 至次日 2:00，相对较低值出现在 16:00～18:00。潘纯珍等（2004）对重庆市道路两旁不同高度楼层 $PM_{2.5}$ 的质量浓度进行了测定，结果显示 $PM_{2.5}$ 质量浓度在水平方向上无明显变化，细颗粒物在水平方向上混合比较均匀；垂直方向上，在较低高度范围内 $PM_{2.5}$ 质量浓度没有明显变化，60m 内仅减少了 6%，但到了 30 层楼高

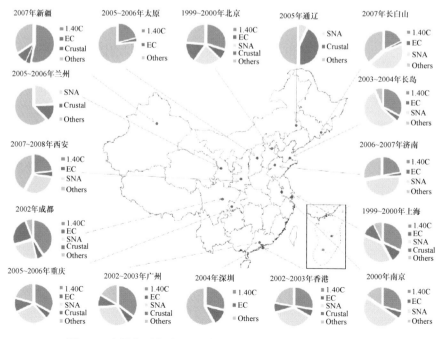

图 1-6　中国主要市县 $PM_{2.5}$ 的组成特征（Yang *et al.*，2012）

度以上开始有明显下降。Li 等（2010）研究了不同纬度的 4 个地区（长白山自然保护区、崇明岛、鼎湖山自然保护区和海南尖峰岭自然保护区）PM$_{2.5}$ 浓度的时间变化，结果发现 7 月 23～25 日，长白山自然保护区、崇明岛、鼎湖山自然保护区和海南尖峰岭自然保护区的浓度变化范围分别是 20.2～70.2μg/m^3、58～150μg/m^3、15.5～40.8μg/m^3 和 12.7～26.7μg/m^3，其中浓度最低的是海南尖峰岭自然保护区，平均值仅为 18.0μg/m^3。Chen 等（2014）以 2013 年北京市 35 个空气质量监测站的数据为基础，分析了北京市环境空气质量的时空变化特征，发现 PM$_{2.5}$ 质量浓度的季节变化趋势为：冬季最高，夏季最低，8 月空气质量最好，12 月空气质量最差；空间变化特征呈现从南到北、从东到西逐渐好转的趋势。

随着监测手段的进步，关于空气颗粒物组分的相关研究越来越多（季静等，2013；吴海龙等，2012）（表 1-2）。例如，郑玫等（2013）对北京市全年空气颗粒物的变化情况进行了监测分析，发现北京市 PM$_{2.5}$ 的来源中尘土占 20%，二次硫酸盐占 17%，二次硝酸盐占 10%，煤燃烧释放占 7%，二次铵盐占 6%，生物质占 6%，柴油和汽油燃烧排放占 7%，香烟排放占 1%，植物碎屑占 1%。王淑兰（2002）对北京空气颗粒物的元素组成特征进行了分析，发现北京市空气颗粒物主要由 S、Ca、Fe、Al、K 和 Na 6 种元素组成，其中：Al、Fe、Ca 为地壳元素，S 为污染元素，Na 和 K 为双重元素。杨勇杰等（2008）分析了北京市空气颗粒物中 PM$_{10}$ 和 PM$_{2.5}$ 质量浓度及其化学组成，认为北京 PM$_{10}$ 和 PM$_{2.5}$ 污染较为严重，细颗粒物（PM$_{2.5}$）等对环境污染的影响较大；元素组成分析表明，北京市气溶胶中污染元素主要来源于工业排放，而地壳元素主要来源于建筑工地的扬尘。孟昭阳等（2007）对太原市区 PM$_{2.5}$ 的质量浓度进行了连续观测，并采用 Sunset 碳分析仪对样品进行了有机碳（organic carbon，OC）和元素碳（elemental carbon，EC）测定，结果表明：冬季 PM$_{2.5}$ 的 OC 和 EC 浓度高于其他季节，因此认为太原市冬季主要污染物是 PM$_{2.5}$ 和碳气溶胶污染。

表 1-2　国内不同地区空气颗粒物主要来源解析

研究者	研究地点	研究年份	颗粒物的主要组成成分
安静宇等	上海	2014	颗粒物主要来源中扬尘源贡献均值最大，达到 30.7%±31.8%，其次为燃烧源（18.2%±15.6%）、流动源（18.6%±17.5%）、挥发类源（16.9%±18.0%）
郑玫等	北京	2013	颗粒物中尘土占了 20%，二次硫酸盐占了 17%，二次硝酸盐占了 10%，煤燃烧释放占了 7%，二次铵盐占了 6%，生物气溶胶占了 6%，柴油和汽油燃烧排放占了 7%，香烟排放占了 1%，植物碎屑占了 1%
彭康等	珠江三角洲	2013	颗粒物主要来源于工业排放、机动车尾气排放、燃料燃烧和道路扬尘排放
王淑兰等	成都	2006	颗粒物主要来源于扬尘、土壤风沙尘、燃煤尘、建筑水泥尘、机动车尾尘、硫酸盐和硝酸盐
王淑兰	北京	2002	颗粒物主要由 S、Ca、Fe、Al、K 和 Na 6 种元素组成，主要来源于地壳元素（A、Fe、Ca、Ti）、污染元素（Sn、Ni、S、Pb、V、Se）和双重元素（P、Mn、Cu、Za、As、K、Mg、Na）
朱坦等	秦皇岛	1995	颗粒物主要来源于风沙、扬尘、燃煤飞灰和海盐尘

3. 森林植被对空气颗粒物的滞纳功能

张志丹等（2014）对毛白杨叶片滞纳 $PM_{2.5}$ 等空气颗粒物进行了定量研究和探讨，结果表明叶片的 $PM_{2.5}$、PM_{10}、TSP 和总颗粒物滞纳量分别为 $8.88\times10^{-6}g/cm^2$、$3.06\times10^{-5}g/cm^2$、$6.47\times10^{-5}g/cm^2$ 和 $6.48\times10^{-5}g/cm^2$；林分对 $PM_{2.5}$、PM_{10}、TSP 和总颗粒物的滞纳量分别为 $0.963kg/hm^2$、$3.32kg/hm^2$、$7.01kg/hm^2$ 和 $7.02kg/hm^2$。王蕾等（2006a）对北京市 11 种园林植物的叶表面形态结构与滞尘能力进行了研究，认为冬青卫矛（*Euonymus japonicus*）、五叶地锦（*Parthenocissus quinquefolia*）有较强的滞尘能力，而桃树（*Amygdalus persica*）的滞尘能力较弱；房瑶瑶等（2015）对陕西关中地区不同植被类型滞纳颗粒物的研究结果显示：绝大部分树种幼龄林滞纳颗粒物能力较低，而近熟林、中龄林和成熟林的滞纳能力较高，这是因为近熟林、中龄林的林分结构已较为稳定和成熟。科学家们在研究不同树种滞纳空气颗粒物功能的同时，对影响树种滞纳能力的因素也进行了相关探讨和解析，柴一新等（2002）研究发现，植物叶片表面的绒毛有助于吸滞颗粒物，因此叶片绒毛越细长，越容易吸附颗粒物，树种滞尘效果越好。王会霞等（2012）以西安市 21 种常见绿化植物为对象，采用人工降尘方法测定植物叶片的最大滞尘量，并指出：植物叶片表面绒毛、润湿性、表面自由能及其含量对滞尘能力的影响较大。

1.3.3　小结

国内外对于环境污染物的研究主要集中在对环境行为、污染物源解析及污染物理化性质的研究等方面。由于经济的快速增长，其引发的环境污染问题越来越严重，这一切均与人类健康密切相关，尤其是空气中的细颗粒物可直接进入人体肺部，从而会引起一系列的呼吸系统疾病。鉴于此，对于颗粒物的研究越来越多，但绝大多数集中在来源、组成及化学性质方面，有关森林植被与颗粒物的研究开展较晚，尤其是森林植被滞纳颗粒物的测定方法方面的研究较少。

中国对颗粒物的关注和研究起步较晚，特别是在监测标准制定方面落后于欧美国家，导致对空气颗粒物的研究还存在以下一些问题，在今后的研究中需要更多的关注。一方面，空气颗粒物浓度的监测方法已经接近成熟，但是不同植被对空气颗粒物滞纳作用的监测方法还没有统一标准，今后的研究中应该选择科学合理的技术与手段，加强植被滞纳空气颗粒物监测方法学的研究，提高监测的精确度。另一方面，当前的许多研究仅仅是选择当地的几种常见树种，并不能有效覆盖该区域所有常见代表性树种，且部分研究为定性地描述不同树种对 $PM_{2.5}$ 等颗粒物的阻滞吸收作用，缺乏系统性、全面性和准确性。因此，在今后的研究中需要扩大树种选择范围，并开展空气颗粒物理化性质和组成成分对树木滞纳颗粒物能力的影响方面的研究；同时结合不同区域的污染情况，筛选出该区域的适宜树种，确定不同区域调控空气颗粒物功能的优势树种组合，针对性地挑选易于吸附相应化学物质的植被类型（赵晨曦等，2013；El-Khatib *et al.*，2011）。

1.4　森林治污减霾功能方法学研究

森林治污减霾功能方法学研究分为两部分：一是森林吸收气体污染物（SO_2、NO_x、CO、HF 等）的方法学研究；二是森林滞纳空气颗粒物（$PM_{2.5}$、PM_{10}、TSP等）的方法学研究。前者的研究方法国内外比较统一，但森林滞纳空气颗粒物的监测方法及测算方法目前还没有统一标准。因此，本节重点针对森林植被滞纳空气颗粒物的方法进行介绍。

1.4.1　森林吸收气体污染物方法学研究

目前，测量植物对气体污染物的吸收，主要是从叶片角度进行阐释和研究。根据检测气体污染物的种类不同，研究方法也有差别（表 1-3），最主要的研究方法包括滴定法和光谱测定法。滴定法一般分为人工滴定和自动电位滴定，其中人工滴定法较为常用，它可以测量植物叶片中氯、硫、氮元素的含量，主要原理是根据指示剂的颜色变化指示滴定终点，然后测量标准溶液消耗体积，最后计算分析结果。光谱测定法是利用光谱学的原理和试验方法确定植物叶片中元素含量的分析方法，该方法具有分析速度快、操作简单、灵敏度高等特点。但是，由于光谱定量分析是建立在相对比较的基础上，必须有一套标准样品作为基准，而且要求样品的组成和结构状态应与被分析的样品一致，这常常比较困难，因此限制了该方法的广泛应用。

表 1-3　森林吸收气体污染物的主要测量方法

气体污染物	主要测量方法
硫化物	滴定法，光谱测定法
一氧化碳	稀释法
氮氧化物	滴定法
氯化物	光谱测定法
臭氧	光谱测定法
氟化物	原子吸收法

1.4.2　森林滞纳空气颗粒物方法学研究

森林滞纳空气颗粒物的方法学研究包括对不同立地条件下颗粒物沉降速率的测定，以及植物叶片对空气颗粒物滞纳能力的测定，其中沉降速率主要通过观测塔监测不同高度植被层颗粒物及污染物的浓度来获得。目前，叶片滞纳空气颗粒物的检测方法主要包括：颗粒物再悬浮方法、洗脱测试法和环境磁学法。三种检测方法的原理、特点及适用条件等见表1-4。

表1-4　叶片滞纳空气颗粒物的不同方法对比

研究方法	检测方法	原理	适用条件	特点
颗粒物再悬浮法	气溶胶再发生器法	依据风蚀原理，使叶片表面吸附的颗粒物在强风的作用下重新悬浮，通过检测周围空气浓度的变化来获取叶片滞纳颗粒物的质量	适用于叶片滞纳不同粒径颗粒物含量的测定	测量过程不受颗粒物的种类、形状、颜色和化学组成等因素的影响，只与叶片上附着的粒子的大小和质量浓度有关
洗脱测试法	过滤称重、激光粒度分析仪、电导率测试和离子色谱分析	将叶片表面的颗粒物用水洗脱后，检测其在水中的含量	适用于叶片滞纳颗粒物总量的测定	能够较为准确地测量叶片滞纳的总颗粒物量，但对不同粒径颗粒物的测量会出现误差，而且受人为操作的影响较大
环境磁学法	饱和等温剩磁法	利用磁学的方法检测叶片表面颗粒物，建立饱和等温剩磁和颗粒物质量浓度之间的关系，然后进行量化研究	适用于叶片表面滞纳颗粒物中重金属含量的测定	既不受顺磁性物质的影响，又不受抗磁性物质的影响，与样品中磁性矿物的含量成正比，饱和等温剩磁同时可以反映磁性矿物的颗粒物大小和变化类型。但受到颗粒物磁性的影响，因此该方法适合应用在马路边或者重金属排放量较多的区域

1. 颗粒物再悬浮法

颗粒物再悬浮法是指将叶片表面附着的颗粒物在密闭室内经过强风吹蚀，使其附着的颗粒物从表面脱落重新释放到空气中，在空气中再悬浮形成气溶胶，通过测试空气中颗粒物浓度前后的变化，结合测试样本的叶面积，推算叶片表面滞纳颗粒物功能的方法（Zhang *et al.*，2015）（图1-7）。

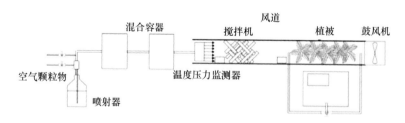

图1-7　颗粒物再悬浮法示意图

1）原理

叶片表面滞纳颗粒物的能力主要由其表面粗糙度、蜡质层、表面绒毛及纹理等结构决定。这种附着能力是不稳定的，经过强风吹蚀，颗粒物可以从叶片表面脱离，重新释放到空气中形成气溶胶。因此，可以通过检测密闭空间中颗粒物浓度前后变化的方法来测量植物叶片的颗粒物滞纳量。

2）特点

颗粒物再悬浮法可以直接定量测定叶片滞纳不同粒径颗粒物的浓度，该方法的测量过程不受颗粒物的种类、形状、颜色和化学组成等因素的影响，只与叶片上附着粒子的大小和质量浓度有关。颗粒物再悬浮法具有稳定性较好的特点；但是，在测量过程中，受不同树种叶片表面结构的影响较大，包括叶片表面粗糙度、表面绒毛的分布及长度、分泌物等因素，均会使叶片上滞纳的颗粒物可能无法全部被强风吹落而再次形成气溶胶，测出的数值可能会小于叶片真实滞纳值。这一缺点可以通过与其他研究方法相结合进行弥补，如与扫描电镜相结合，通过扫描电镜测量叶片表面不同粒径颗粒物的比例，根据比例关系进行转化计算（王蕾等，2006b）。此外，颗粒物再悬浮法受外界空气温湿度影响较大，在测试过程中应加载相应的动态加热系统以提供适宜的温湿度。

2. 洗脱测试法

洗脱测试法是指用超纯水或去离子水冲刷叶片表面滞纳的颗粒物，然后采用不同的方法测试洗脱液中颗粒物的质量浓度，进而得出叶片表面颗粒物滞纳量。目前对洗脱液的检测方法主要有电导率法、滤膜称重法和激光粒度分析仪等方法（张志丹等，2014；David et al.，2013）（图1-8）。

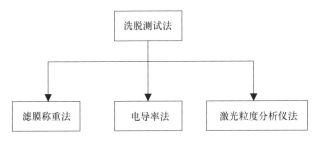

图 1-8　洗脱测试法

1）电导率法

（1）原理

电导率法是根据电解溶液导电原理，利用电阻测量法间接测量电导率，进而计算溶液中导电物质的质量。主要原理是通过两组线圈，一组线圈是发射极，主要是感应溶液回路中的电压，另一组线圈是接收极，接收发射极由于感应回路中电压而在溶液中产生的电流。因此，只要保持一组线圈圈数的恒定及发射极驱动电压的稳定，则溶液回路中的电流大小与溶液电导率成正比。这种测量法由于使用电极，不存在电极极化问题，也不存在电极表面涂镀耐腐蚀材料和堵塞问题，可以在强酸强碱、高温高压等恶劣条件下使用。但该方法的测量原理决定了它只能测量高电导率的溶液，不适于高纯水测量，测量范围窄。水溶液电导率是用数字来表示水溶液传导电流的能力，它与水中溶解性矿物质浓度有密切的关系（张小霓，2004），因此可以通过测量洗脱液的电导率来估算洗脱液中溶解性矿物质的浓度，进而获取叶片对该颗粒物的滞纳量。

（2）特点

电导率测量过程是一个复杂的电化学过程，影响电导率准确测量的因素较多，主要有：① 极化效应。在电解过程中，由于电极表面形成双电层，在电极和溶液之间会产生与外加电势相反的极化电势，导致溶液导电性有增大趋势，易造成误差。②溶液导电率的影响。此方法与溶液中溶解的颗粒物导电性有着直接的关系，因此叶片所吸滞的颗粒物必须是易溶于水或者某种溶液（如 KNO_3 溶液）的物质，如果叶片滞纳的颗粒物含有较多不能溶于水且不导电的物质，也会影响测量结果。③温度的影响。温度能够直接影响电解溶液中电解质的电离程度、溶解速度、正负离子的迁移速度、溶液的黏合度及溶液的膨胀性等，进而对溶液电导率的准确测量造成影响，因此一般要求在室温下进行测试。④颗粒物成分的影响。电导率法对颗粒物的成分要求非常严格，一般为纯度较高的无机盐离子，如 KNO_3 或 NaCl 等（张小霓，2004）。

2）滤膜称重法

（1）原理

滤膜称重法的主要原理是将叶片表面滞纳的颗粒物收集到高性能滤膜上，称量滤膜过滤前后的质量变化，根据称重前后的质量差求得叶片表面滞纳的颗粒物量，再与对应的叶面积之比即为叶片滞纳颗粒物的质量浓度。

（2）特点

滤膜称重法原理简单、易操作、可实施性强、应用广泛，但也存在一些问题。首先，该方法一般需要样品滞纳量达到仪器能够测量的范围，因此样品需要一定的时间间隔，很难应用于快速获得测量结果的研究，不能实时监测叶片滞纳颗粒物量，测量结果具有一定的时间滞后性。其次，一些粒径极其细小的颗粒可以穿透滤膜，同时，如果颗粒物量较大，会堵塞滤膜，影响结果的准确性（冯建儿和韩鹏，2013；段琼，2006；柴一新等，2002）。最后，自然沉降的颗粒物组分中存在许多水溶性颗粒物（如硫酸盐、硝酸盐）不能被滤膜拦截，有机物颗粒组分在烘干过程中容易挥发损失，这些因素会导致滤膜称重法无法对该部分颗粒物进行准确量化。

3）激光粒度分析仪法

（1）原理

激光粒度分析仪法是采用信息光学原理，通过测量颗粒群的散射光谱来分析其粒度分布特征。激光束在照射颗粒物时，散射光的角度与颗粒物的直径成反比，而散射光的强度会随着角度的增加呈对数衰减。由激光器发出的激光束光经扩束、滤波、汇聚后照射到被检测颗粒群的样品区，产生独特的散射谱，散射谱的强度及其空间分布与被测颗粒群的大小及分布有关，并被位于傅里叶透镜聚焦后焦面上的光电探测器阵列所接收，转换成电信号后放大、转换送入计算机进行处理，从而得到待测颗粒群的大小、分布等参数。其结果直接输出到计算机，可通过粒度处理软件获得所需的粒度指标。

（2）特点

激光粒度分析仪运用了多种现代技术，如显微镜技术、计算机技术、光学成像技术等，具有操作方便、数据可靠、重复性好等优点，与其他方法相比，该方法可对植物叶片滞纳颗粒物进行直接、准确的测定，同时能够获得不同径级颗粒物的滞纳量和叶片滞纳颗粒物的粒径分布情况，且所需工具、仪器易实现，整个研究方法可操作性强；除此之外，激光粒度分析仪法还有以下优点：①测量颗粒物粒径范围宽广，动态范围可达 11 000（ 动态范围是指仪器同时能测量的最小颗粒与最大颗粒之比）；②测量精度高，平均粒径或中位径不准确度<3%，标准偏差<3%；③测量速度快，整个测量过程仅需 3～5min；④采用超声波分散技术分辨率高；⑤在不破坏样品的前提下又能得到样品体积的分布特征（李兰和石玉成，2009）。

但该方法在应用过程中也会存在一些不可避免的误差，如颗粒物组分中的许多水溶性颗粒物（如硫酸盐、硝酸盐）在洗脱过程中发生水解而无法被检测到，从而导致测定的 $PM_{2.5}$、PM_{10} 滞纳量与实际会存在一定偏差。

3. 环境磁学法

1）原理

环境磁学的工作原理是利用几乎所有环境物质都具备磁性特征，通过测量土壤、沉积物和岩石等自然物质和人类活动产生的物质在人工磁场中的磁性响应，提取地质地理环境的信息（姜月华等，2004）。环境磁学正式作为一个独立的分支学科始于 20 世纪 80 年代，目前该技术已经广泛应用于环境科学、气候学、沉积学、地质学、海洋科学和土壤学等多个领域（周文娟等，2006）。环境磁学法因样品用量少、方法简单快速、破坏性小、灵敏度高等特点被广泛应用于环境污染研究中（俞立中，1999）。该方法常用的环境磁学磁性参数是饱和等温剩磁（SIRM）（周文娟等，2006），通过颗粒物的磁化率与颗粒物中有机质含量和重金属含量的关系，进而检测颗粒物中磁性矿物的种类、含量和颗粒大小的信息（图 1-9）。

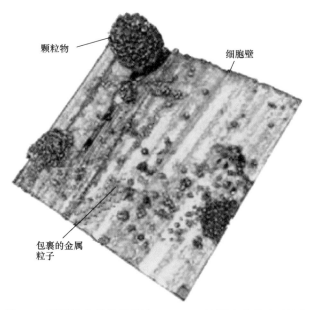

颗粒物

细胞壁

包裹的金属粒子

图 1-9 利用饱和等温剩磁法（SIRM）检测叶片滞纳颗粒物

2）特点

饱和等温剩磁（SIRM）既不受顺磁性物质的影响，又不受抗磁性物质的影响，与样品中磁性矿物的含量成正比；同时可以反映磁性矿物的颗粒物大小和变化类型。该方法灵敏度高、测量速度快、试验周期短、重复性好，能在短时间内完成大批量样品的测量工作；在测量过程中，对试验样品无需作化学处理，具有不破坏样品的特点，可以在不同情景下进行测量。但是该方法在测量过程中仅仅监测叶片表面具有磁性的颗粒物，而对于没有磁性的矿物质将无法监测，同时由于饱和等温剩磁受到颗粒物磁性的影响，因此该方法一般应用在马路边或者重金属排放量较多的区域进行针对性研究（郑妍，2006）。

国外有研究利用环境磁学手段来检测叶片表面滞纳的颗粒物量。Hofman 等（2014，2013）采用检测样本饱和等温剩磁（SIRM）法研究行道树叶片表面颗粒物沉积量的季节性变化和颗粒物沉降在冠层的空间分布情况。该方法能够保持颗粒物在原始状态下进行检测，且敏感度高、操作简便。但叶片饱和等温剩磁法不能直接获得叶片表面颗粒物的物质量，需要先建立与不同粒径颗粒物实测物质量的函数关系，然后基于该函数利用某个参数转化为物质量，而目前已建立关系的实测物质量的检测手段仍为水洗称重法（Hofman et al.，2014）。因此，该方法能够直接反映叶片表面颗粒物的分布情况，但在物质量检测上仍受制于水洗称重法的不足。

1.4.3 小结

目前，森林能够吸滞污染物这一生态功能已经得到了科学界的认可和证明，测量森林吸滞污染物的方法很多，目前森林吸收气体污染物的方法较为统一。但是森林滞纳空气颗粒物的研究方法还没有统一标准，不同的方法其适用条件不同，测量结果可能会不一致。对比各种研究方法，颗粒物再悬浮法具有易于操作、精确度高、准确区分不同粒径颗粒物滞纳量的特点，因此，本研究所采用的森林滞纳空气颗粒物的检测方法均为颗粒物再悬浮法。

第2章 森林治污减霾功能生态连清体系构建

森林治污减霾功能生态连清技术体系是以生态地理区划为单位，以国家现有森林生态站为依托，采用长期定位观测技术和分布式测算方法，定期对同一森林生态系统生态要素全指标体系进行连续长期观测与清查的技术体系（王兵，2015）（图2-1）。该技术以国家森林资源连续清查数据为基础，形成国家森林资源清查综合调查新体系，用以评价一定时期内森林生态系统的质量状况，进一步了解森林生态系统的动态变化。因此，本研究采用森林生态连清技术体系，基于北京市园林绿化局、陕西省林业厅和陕西省林业勘察设计院提供的林业资源调查数据，研究不同时期北京市和陕西关中地区森林治污减霾功能，进一步揭示森林治污减霾功能的动态变化格局和影响因子，为当地林业管理部门的决策提供科学依据。

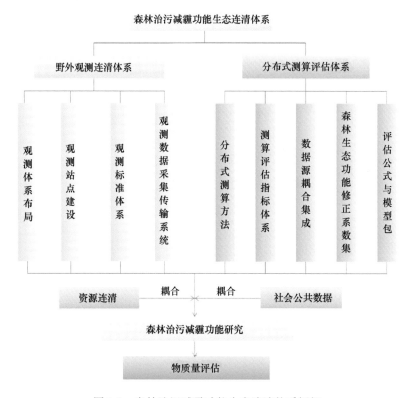

图 2-1　森林治污减霾功能生态连清体系框架

2.1　野外观测连清体系

森林生态连清技术体系由野外观测连清体系和分布式测算研究体系两部分组成。野外观测连清体系是数据保证体系，其基本要求是统一测度、统一计量、统一描述。分布式测算研究体系是精度保证体系，可以解决森林生态系统结构复杂、观测指标不统一、森林类型较多、森林生态状况测算难等问题。

2.1.1　观测体系布局

北京市城市森林环境监测站、关中地区及周边森林生态站和辅助观测点的生态连清数据集是本研究的数据基础，针对北京市和关中地区的相关参数展开了实地调查和测定，调查地点信息见表 2-1。

表 2-1　调查地点信息

城市（区）	调查地点	经纬度
西安市	A 泾渭新区	108°50′32″E，34°24′5″N
	B 浐灞生态区	109°0′17″E，34°21′39″N
宝鸡市	A 市区	107°13′53″E，34°21′37″N
	B 市郊	107°19′8″E，34°22′42″N
咸阳市	旬邑	108°19′4″E，35°6′22″N
铜川市	A 赵氏河	108°55′33″E，34°52′6″N
	B 蒲城县	108°56′3″E，34°55′19″N
渭南市	A 渭南塬	109°50′38″E，34°46′22″N
	B 渭南市郊区	109°50′00″E，34°45′30″N
韩城市	A 市区	110°30′30″E，35°34′31″N
	B 市郊	110°31′19″E，35°35′00″N
杨凌区	A 市区	108°4′58″E，34°15′53″N
	B 市郊	108°4′10″E，34°15′13″N
北京市	南海子公园	116°28′37″E，39°46′10″N
	西山国家森林公园	116°12′26″E，39°59′01″N
	北京植物园	116°12′54″E，40°00′01″N
	松山自然保护区	115°48′48″E，40°30′07″N

陕西关中地区观测体系布局主要涵盖 13 个监测点（图 2-2），选取的树种是关中地区主要造林树种。北京市观测体系布局包括 4 个监测点，主要依据北京市空气污染分布呈现由南向北逐渐降低的趋势而进行监测点的选择（北京市环保局2014 年质量公告）；同时，这 4 个监测点既可以代表北京市常见绿化树种，又可以代表北京市主要森林植被类型。从南部到北部依次为南海子公园、西山国家森

林公园、北京植物园和松山自然保护区（图2-3）。

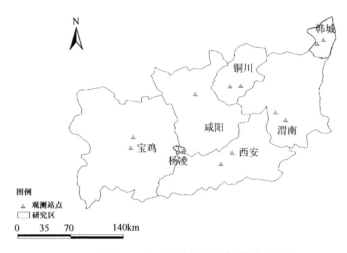

图 2-2　陕西关中地区观测体系布局图

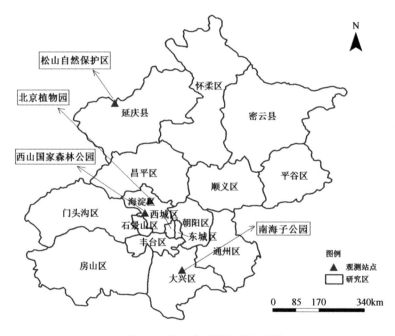

图 2-3　北京市观测体系布局图

2.1.2　森林环境空气质量监测站建设

森林环境空气质量监测是指在固定监测点，采用自动监测仪器对森林环境空气质量进行连续采集、处理与分析的过程。

森林环境空气质量监测站由站房（包括监测站房和气溶胶再发生器实验室）、

空气采样装置、监测分析仪、校准设备、气象仪器、数据传输设备、子站计算机或数据采集装置及站房环境条件保证设施（空调、除湿设备、稳压电源等）等组成。观测站点能够代表该区域的主要植被类型，且观测站点要建在地势平坦、避开交通道路的地方。

森林环境空气质量监测站的主要监测设备为森林环境空气质量自动监测系统，其仪器设备配置情况如图 2-4 所示，主要包括 $PM_{2.5}$、PM_{10}、NO_x、SO_2、O_3、CO 等空气质量监测仪；监测仪器的分析方法见表 2-2。此外，在观测站内还需要布设防雷设施及安防装置，包括避雷针、避雷线、避雷网、避雷带和监控装置等。

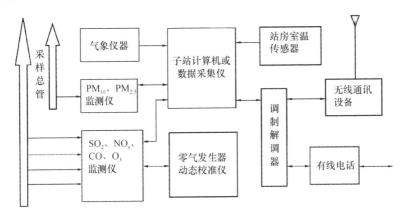

图 2-4　森林环境空气质量监测系统仪器设备配置情况

表 2-2　监测仪器的分析方法

仪器名称	分析项目	分析方法
$PM_{2.5}$ 监测仪	$PM_{2.5}$	β 射线法+动态加热系统（DHS）
PM_{10} 监测仪	PM_{10}	β 射线法+DHS
NO-NO_2-NO_x 分析仪	NO-NO_2-NO_x	化学发光法
SO_2 分析仪	SO_2	紫外荧光法
O_3 分析仪	O_3	紫外分光法
CO 分析仪	CO	气体滤波相关红外吸收法

1. 站房

1）监测站房

监测站房的作用是安装各类监测设备，其建设和内部设计应满足以下要求。

a. 站房使用面积应以保证工作人员方便操作、维护和修理仪器为原则，一般不少于 10m²。

b. 站房为无窗或双层密封窗结构，墙体应有较好的保温性能。有条件时，门与仪器房之间可设有缓冲间，以保持站房内温湿度恒定，防止灰尘和泥土被带入站房内。

c. 站房内应安装温湿度控制设备，使站房室内温度保持在（25±5）℃，相对湿度控制在80%以下。

d. 站房应有防水、防潮措施，一般站房底部应离地面约25cm。

e. 采样装置的抽气风机排气口和监测仪器排气口的位置，应设置在靠近站房下部的墙壁上，排气口离站房内地面的距离应保持在20cm以上。

f. 在站房顶上设置用于固定气象传感器的气象杆或气象塔时，气象杆、塔与站房顶的垂直高度应大于2m，并且气象杆、塔和子站房的建筑结构应能承受10级以上的风力（南方沿海地区应能承受12级以上的风力）。

g. 站房供电设施建议采用三相供电，分相使用；监测仪器供电线路应独立走线；且供电系统应配有电源过压、过载和漏电保护装置，电源电压波动不超过（220±22）V。

h. 站房应采取防雷电和防电磁波干扰措施。应有良好的接地线路，接地电阻<4Ω。

2）气溶胶再发生器实验室

气溶胶再发生器实验室主要是检测不同树种叶片上滞纳颗粒物的量，其建设和内部设计应该满足以下要求。

a. 实验室使用面积应保证实验人员进行仪器操作和实验，一般不少于10m²。

b. 实验室为无窗或双层密封窗结构，墙体应有较好的保温性能。以保持站房内温湿度恒定，防止灰尘和泥土被带入站房内。

c. 实验室内的主要仪器包括气溶胶再发生器、电脑、DUSTMATE粉尘监测仪、扫描仪等。

d. 实验室供电系统应配有电源过压、过载和漏电保护装置，电源电压波动不超过（220±22）V，同时应采取防雷电和防电磁波干扰措施。

e. 气溶胶再发生器大小约为1.1m×1.1m，主要由密闭箱室、料盒、搅拌机、鼓风机、电源线路等组成。

2. 采样装置

在使用多台点式监测仪器的监测子站中，除$PM_{2.5}/PM_{10}$监测仪器单独采样外，其他多台仪器可共用一套多支路集中采样装置进行样品采集。多支路集中采样装置有垂直层流多路支管系统（图2-5）和竹节式多路支管系统（图2-6）两类。

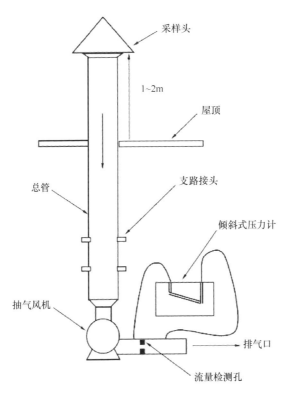

图 2-5　垂直层流多路支管系统

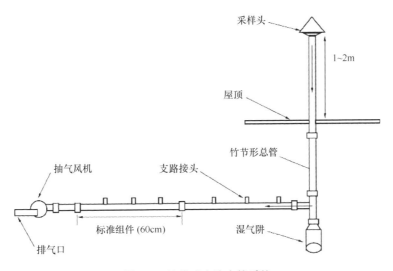

图 2-6　竹节式多路支管系统

1）采样头

采样头设置在总管外的采样气体入口端，防止雨水和粗大的颗粒物落入总管，同时避免鸟类、小动物和大型昆虫进入总管。采样头的设计应保证采样气流不受风向影响，稳定进入总管。

2）采样总管

总管内径选择 1.5～15cm，采样总管内的气流应保持层流状态，采样气体在总管内的滞留时间应小于 20s。总管进口至抽气风机出口之间的压强要小，所采集气体样品的压力应接近空气压。支管接头应设置于采样总管的层流区域内，各支管接头之间间隔距离大于 8cm。

3）制作材料

多支路集中采样装置、监测仪器与支管接头连接的管线的制作材料，不应选择易与被监测污染物发生化学反应和释放有干扰物质的材料。一般以聚四氟乙烯或硼硅酸盐玻璃等作为制作材料；对于只用于监测 SO_2 和 NO_x 的采样总管，也可选择不锈钢材料。

4）其他技术要求

a. 为了防止因室内外空气温度的差异而致使采样总管内壁结露对监测物吸附的影响，需要对总管和影响较大的管线外壁加装保温套或加热器，加热温度一般控制在 30～60℃。

b. 监测仪器与支管接头连接的管线长度不能超过 3m，同时应避免空调机的出风直吹采样总管和与仪器连接的支管线路。

c. 为防止灰尘落入监测分析仪器，应在监测仪器的采样入口与支管气路的结合部之间，安装孔径不大于 5μm 的聚四氟乙烯过滤膜。

d. 在连接监测仪器管线与支管接头时，为防止结露水流和管壁气流波动的影响，应将管线与支管连接端伸向总管接近中心的位置，然后再做固定。

e. 在不使用采样总管时，可直接用管线采样，但是采样管线不应选用易与被监测污染物发生化学反应或释放有干扰物质的材料，采样气体滞留在采样管线内的时间应小于20s。

f. 在监测子站中，虽然 $PM_{2.5}/PM_{10}$ 单独采样，但为防止颗粒物沉积于采样管管壁，采样管应垂直，并尽量缩短采样管长度；为防止采样管内冷凝结露，可采取加温措施，加热温度一般控制在 30～60℃。

3. 监测仪器

监测仪器主要分为空气气体污染物监测仪、空气颗粒物监测仪、空气负离子监测仪、气象要素监测仪，其中空气气体污染物监测仪包括 NO_x 监测仪、O_3 监测仪、SO_2 监测仪、CO 监测仪等；空气颗粒物监测仪包括 PM_{10} 监测仪、$PM_{2.5}$ 监测仪和气溶胶再发生器。

1）空气颗粒物监测仪

目前直接监测空气颗粒物浓度的仪器可以分为两种，一是原位空气颗粒物监测仪，原理是重量法、β 射线法和振荡天平法等；二是便携式空气颗粒物监测仪，原理是激光散射法，常用仪器设备有 DUSTMATE、METONE-831 等。原位监测仪器的主要优点是设备运行较为稳定，且由人为操作因素引起误差的概率较小，监测结果的准确性及稳定性相对较高；缺点是只能对某一固定地点进行长期连续监测，不方便移动。而移动便携式监测仪可以随时随地监测空气颗粒物浓度，适用于多点同时开展监测研究。两种仪器的基本介绍如下。

（1）原位 $PM_{2.5}/PM_{10}$ 自动监测仪

A）方法原理

$PM_{2.5}$ 和 PM_{10} 连续监测系统的测量方法为 β 射线吸收法（表 2-3）。

监测仪器将 ^{14}C 作为辐射源，同时以恒定流量抽气，空气中的悬浮颗粒物被吸附在 β 源和探测器之间的滤纸表面，抽气前后探测器计数值的改变反映了滤纸上吸附灰尘的质量，由此可以得到单位体积悬浮颗粒物的浓度。

表 2-3　空气颗粒物的监测仪器

仪器设备	原理	测量方式	灵敏度/（mg/m^3）	特点
原位 $PM_{2.5}$ 分析仪	β 射线吸收法，仪器加装动态加热系统	自动、在线、连续	0.001	准确度高，测量结果与颗粒物粒径、颜色、成分无关
原位 PM_{10} 分析仪	β 射线吸收法，仪器加装动态加热系统	自动、在线、连续	0.001	准确度高，测量结果与颗粒物粒径、颜色、成分无关
便携式空气颗粒物监测仪	激光散射法	自动、连续	0.001	灵活方便，精度低

建立吸收物（如纸带上的灰尘）与 β 射线粒子衰减量接近指数（近似）的关系，当吸收物质厚度远小于 β 粒子的射程时，吸收近似满足如下关系：

$$I = I_0 e^{-\mu_m x} \tag{2-1}$$

式中，I_0 为空白滤纸的 β 粒子计数值；I 为 β 射线穿过沉积颗粒物的滤纸的 β 粒子计数值；μ_m 为质量吸收系数（cm^2/mg），对于同一吸收物质，其与放射能量有关；x 为吸收物质的质量密度（mg/cm^2）。

由此导出 x 吸收物质质量密度：

$$x = \frac{1}{\mu_m} \ln \frac{I_0}{I} \tag{2-2}$$

测量时，气泵以恒定流量抽取被测空气，若恒定流速为 Q（L/min），采样时间为 Δt（min），通过纸带尘样的截面积为 A（cm^2），环境粒子浓度 M_C（mg/m^3），则空气粒子浓度和测定的数量之间的关系为：

$$M_C = \frac{10^3 \cdot A \cdot x}{Q \cdot \Delta t} \tag{2-3}$$

将 x 代入可得：

$$M_C = \frac{10^3 \cdot A}{Q \cdot \Delta t \cdot \mu_m} \ln \frac{I_0}{I} \qquad (2\text{-}4)$$

B）监测仪的组成

PM$_{2.5}$ 和 PM$_{10}$ 连续监测系统包括样品采集单元、动态加热单元、样品测量单元、数据采集和传输单元及其他辅助设备。

a）样品采集单元

样品采集单元由采样入口、切割器和采样管等组成。将环境空气颗粒物进行切割分离，并将目标颗粒物输送到样品测量单元。

a. 切割器是根据空气动力学原理设计的，用于分离不同粒径的颗粒物。切割效率流量为 16.7L/min（上下浮动 3%）。

b. 切割粒径。

PM$_{10}$ 切割器：（10±0.5）μm 空气动力学直径。

PM$_{2.5}$ 切割器：（2.5±0.2）μm 空气动力学直径。

c. 切割原理。

PM$_{10}$ 切割器：冲击式切割原理。当含颗粒物的气体以一定的速度（恒流量）从喷嘴体中的喷嘴内喷出后，颗粒获得了一定的动能并且具有一定惯性，粒径大于冲击式采样器切割粒径的粒子，因惯性大可以滑过气流而撞在冲击板上沉积下来，而惯性小的颗粒，将随着气流流线运动，被收集在滤膜上进行粒子分析，从而实现了不同粒径颗粒物的分离样品采集。为防止撞击在冲击板上的颗粒回弹到气流或被气流吹走，各级冲击板上涂有黏性物质硅油，有研究表明当硅油涂层厚度达到 0.3μm 时，可消除 93% 的颗粒回弹，且硅油涂层厚度对颗粒捕集效率影响很小（图 2-7）。

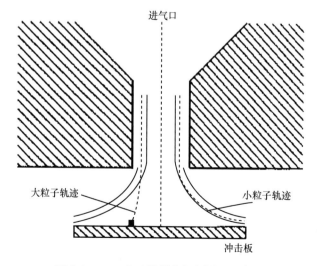

图 2-7　PM$_{10}$ 自动监测仪切割原理示意图

PM$_{2.5}$切割器：旋风式切割原理。旋风式切割器包括进气通道、切割体、大颗粒集尘室、小颗粒接收器、侧通道，切割体的中间为锥形腔室。空气以一定流速从进气通道进入锥形腔室，被阻挡后流场改变，沿着锥形腔室进入大颗粒集尘室。由于大小颗粒的惯性不同，大颗粒被滞留在大颗粒集尘室，小颗粒随空气流出进入小颗粒接收器，最后从侧通道流出。其基本原理与冲击式切割原理类似（图 2-8）。

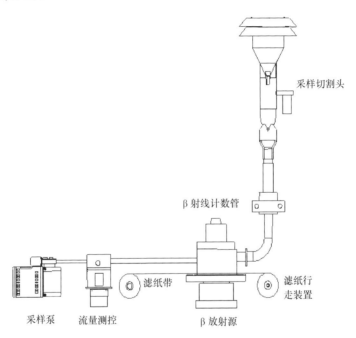

图 2-8　PM$_{2.5}$自动监测仪切割原理示意图

b）动态加热单元

对采样管进行加热，控制采样气体中湿度，防止冷凝水产生。

动态加热系统（dynamic heatedly system，DHS）：根据外界温湿度的变化实时调节加热方式，使样品的温湿度控制在合适的范围内，减少持续加热时间，降低不稳定成分的挥发，以保证颗粒物测量的准确性。

DHS 主要由温湿度传感器、加热器和湿度控制软件组成，其中加热器位于滤膜之前的采样气路上，当温湿度传感器检测到气体湿度不在控制软件设定的湿度范围时，便启动智能控制加热器进行加热，控制采样气体的湿度，从而消除环境温湿度变化对测量的影响。

为保证设备运行安全，采样气体被加热到最高温度为 T（℃），当气体温度超过 T（℃）时，DHS 不进行加热；当气体温度小于 T（℃），DHS 根据湿度进行动态加热控制湿度。

c）样品测量单元

样品测量单元对采集空气环境中的 PM_{10} 或 $PM_{2.5}$ 样品进行测量。由流量控制模块、机械传动组件、β 源和探测器等组成。

流量控制模块：在监测仪器正常工作条件下，流量控制模块保证采样入口处流量符合以下三个指标：①平均流量偏差±5%设定流量；②流量相对标准偏差≤2%；③平均流量示值误差≤2%。

机械传动结构：精确的纸带传动控制电路和结构设计，消除了回程误差的影响。纸带斑点均匀，纸带利用率高。

β 源和探测器：颗粒物监测仪通过采样系统按规定流量抽取空气样品，气体通过带状滤纸过滤，使粉尘集中到该滤纸上，捕集前和捕集后的滤纸分别经 β 射线照射并测定透过滤纸的 β 射线强度，便能间接测出附在滤纸上的粉尘质量。β 射线辐射源一般使用等放射性同位素 ^{14}C，β 射线辐射强度用探测器进行测定。

d）数据采集和传输单元

数据采集和传输单元通过采集、处理和存储监测数据，并能按中心计算机指令传输监测数据和系统工作状态信息。

e）其他辅助设备

主要包括机柜或平台、安装固定装置、采样泵等。

f）测量流程

完成一个周期需要的全部过程和时间。基本流程如下。

a. 在周期开始时，先运行一个窗口距离，然后在 4min 内执行洁净纸带 I_0 的初始计数。

b. 电机带动纸带运转至采样处，进入抽气状态，开始采样。空气从纸带上的这一点抽入 50min。

c. 抽气结束，纸带运动回测量点，测量收集尘的截面所吸收的 β 射线（I_1）。最后根据公式计算浓度以结束一个周期。

d. 等待至下个整点进行下一次的循环。

（2）便携式空气颗粒物监测仪

便携式空气颗粒物监测仪是一款高度集成的便携式、主动型颗粒物监测仪，具有准确度高、体积小、重量轻、易于操作和户外操作时间长的特点。主要应用于现场治理、粒径判别、质量验证、暴露模型和哮喘患者的个人保护。采用浊度测定法、体积流量控制技术和相对湿度补偿功能，能够实时准确测定颗粒物浓度；集成化的样品过滤器便于用称重法进行数据验证。一般情况配有可溯源到 ACGIH 的旋风式切割器，设置不同的流量，测量 TSP、PM_{10}、$PM_{2.5}$ 和 $PM_{1.0}$。螺旋形的样品入口在没有旋风式切割器的情况下也能保证颗粒物的吸入和样品的代表性。以 DUSTMATE 为例，介绍便携式空气颗粒物监测仪的原理及特点，其主要技术性能指标见表 2-4。

表 2-4　便携式颗粒物监测仪技术性能指标

项目		指标
测量范围/（mg/m³）		0～1 或 0～10（可选）
50%切割粒径/μm		10±1，空气动力学直径
最小显示单位/（mg/m³）		0.001
采样流量偏差		≤±5%设定流量/24h
仪器平行性		≤±7%或者 5μg/m³
标准膜重现性		≤±2%标准值
与参比方法比较	斜率	1±0.1
	截距/（μg/m³）	0±5
	相关系数	≥0.95
输出信号		模拟信号或数字信号
工作电压		AC 220V±10% 50Hz
工作环境温度/℃		0～40

基本原理主要是采用最新的激光散射原理，颗粒物经过进样口进入到光学测量室内，光源产生 880nm 的红外光照射到颗粒物上发生散射，位于 90°角位置上的探测器将散射光捕获。通过散射光强与校准颗粒物质量浓度的关系，实时计算并显示质量浓度。

（3）原位监测仪和便携式监测仪测量结果对比

由于仪器测试原理和操作等方面的差异，便携式监测仪与原位监测仪所测数值之间会存在一定的偏差。因此，为了使两种监测仪的监测数据具有可比性，项目研究人员以原位 PM$_{2.5}$ 和 PM$_{10}$ 监测仪所测结果为校准对象，对便携式监测仪的监测数值进行了校正。

使用便携式监测仪与原位 PM$_{2.5}$ 和 PM$_{10}$ 分析仪在同一高度并同时同步采集数据，原位 PM$_{2.5}$ 和 PM$_{10}$ 监测仪每 1h 记录一次数据，为了使便携式监测仪能更准确地与原位监测仪所测数值进行匹配，便携式监测仪每小时采集三组数据，2014年 2 月 15 日至 3 月 15 日连续观测一个月，共 700 组数据。根据监测结果，便携式监测仪与原位监测仪 PM$_{2.5}$ 测量结果的线性回归方程为 $y=0.5532x+48.28$（$R^2=0.8131$），PM$_{10}$ 测量结果的线性回归方程为 $y=0.547x+51.593$（$R^2=0.8342$）（图 2-9）。

不同空气质量指数下，便携式监测仪与原位监测仪关于 PM$_{2.5}$ 与 PM$_{10}$ 测量结果的线性回归方程见表 2-5。

不同空气质量指数下，便携式监测仪与原位监测仪关于 PM$_{2.5}$ 与 PM$_{10}$ 测量结果的校正系数见表 2-6。

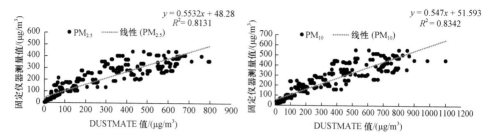

图 2-9　便携式监测仪和原位监测仪测量结果校正曲线

表 2-5　不同空气质量指数下原位监测仪与便携式监测仪测量结果回归方程

空气质量指数	PM$_{2.5}$ 回归方程	PM$_{10}$ 回归方程
<100	$y=0.898x+19.76$，$R^2=0.70$	$y=0.748x+16.85$，$R^2=0.77$
100~200	$y=0.209x+129.69$，$R^2=0.34$	$y=0.26x+132.82$，$R^2=0.41$
>200	$y=0.165x+252.23$，$R^2=0.20$	$y=0.164x+311.3$，$R^2=0.15$
0~400	$y=0.553x+48.28$，$R^2=0.82$	$y=0.547x+51.59$，$R^2=0.83$

表 2-6　不同空气质量指数下原位监测仪与便携式监测仪测量结果的校正系数

PM$_{10}$		PM$_{2.5}$	
空气质量指数	校正系数	空气质量指数	校正系数
<50	0.81	<50	0.86
50~100	0.94	50~100	0.91
100~150	1.16	100~150	0.90
150~200	1.26	150~200	0.93
200~250	1.01	200~250	1.04
250~300	1.46	250~300	1.49
300~350	1.65	300~350	1.42
350~400	1.71	>350	1.38
>400	1.37		

（4）气溶胶再发生器

该设备操作简单、稳定性高。发生器能将叶片上吸滞的颗粒物重新释放出来，形成稳定、密度均匀的气溶胶。然后，利用便携式空气颗粒物监测仪分别测定气溶胶中不同粒径颗粒物的浓度值，再基于气溶胶再发生器体积和叶面积仪，测算出一株树木整个冠层吸附的不同粒径颗粒物的质量，进而推至林分尺度。该设备主要用于测量不同树种叶片对空气颗粒物滞纳量、同一树种不同物候期叶片对空气颗粒物滞纳量，并模拟不同风力等级对叶片滞纳空气颗粒物的影响。该设备应放置在空气流动较低的密闭环境中，要求周围不得放置大功率电器，内腔室工作温度不得高于 35℃。

2）气体污染物监测仪

A）氮氧化物（NO-NO$_2$-NO$_x$）监测仪

a）测量原理

氮氧化物（NO-NO$_2$-NO$_x$）监测仪是一台微处理器控制仪器，可以测量 NO、NO$_2$ 和 NO$_x$ 的浓度。需要对仪器在空气压下输入样气和校准气体，以建立一个稳定的气体流量通过反应池；在反应池中样气与 O$_3$ 反应产生光，仪器通过测量化学发光的总量来决定样气中 NO 的浓度，通过催化反应转化炉将样气中的 NO$_2$ 转化为 NO，与样气中已经存在的 NO 一起定义为 NO$_x$ 浓度。NO$_2$ 浓度通过 NO$_x$ 浓度减去 NO 浓度得到。

b）仪器的校准

仪器的校准在软件中执行，通常不需要对仪器进行物理调节。在校准过程中，微处理器测量传感器输出信号并储存在内存中。微处理器通过校准值、样气的信号、当前温度和压力等数据来计算最终的 NO$_x$ 浓度值。

B）二氧化硫（SO$_2$）监测仪

a）测量原理

二氧化硫（SO$_2$）监测仪是一个由微处理器控制的监测仪，用于测定抽取样品中的 SO$_2$ 浓度。它要求样品和校准气体在常压条件下进入监测仪，恒流经过样品腔室，其中样品气体被暴露在紫外线光下，该曝光引起 SO$_2$ 分子呈被激发态（SO$_2^*$）；这些 SO$_2^*$ 分子会衰变为 SO$_2$，同时发出荧光。通过测定荧光的量，以确定样气中 SO$_2$ 的含量。

b）仪器的校准

仪器的校准通过软件执行，通常不需要对仪器进行物理校准。在校准过程中，当不同已知浓度的 SO$_2$ 输入分析仪，微处理器测量传感器输出信号并储存在内存中。微处理器通过校准值、PMT 暗电流、紫外（UV）灯比、杂散光的量及样品气体的温度和压强来计算最终的 SO$_2$ 浓度。

C）臭氧（O$_3$）监测仪

a）测量原理

臭氧（O$_3$）监测仪是一种微处理器控制仪器，该仪器可以测定采样气体中 O$_3$ 浓度。仪器需要配备常压采样和校准气体，以建立稳定的气流。气流通过吸收管，测量气体吸收 254nm 紫外辐射的能力。

b）仪器的校准

通过软件对仪器进行校准，无需对仪器进行物理调节。在校准过程中，微处理器测量紫外传感器输出和其他物理参数的当前状态，并储存在内存中，采用校准值、气体的温度和压强等参数计算最终的 O$_3$ 浓度。

D）一氧化碳（CO）监测仪

a）测量原理

该监测仪的测量原理是 Beer 定律，指经过一定距离，特定波长的光被特定气体分子吸收的强弱程度。三个参数的数学关系式如下：

$$I = I_0e - ALC \tag{2-5}$$

式中，I_0 为没有被吸收之前的光强；I 为被吸收之后的光强；L 为吸收过程中光通过的距离；C 为吸收性气体浓度（一般指 CO 浓度）；A 为吸收系数，指 CO 对特定波长光的吸收能力。

b）测量流程

在最基本的条件下，CO 监测仪使用一个高能热元件产生一束强度已知带宽的红外线，在仪器校正过程中被测量。光束直接通入充满样品气体的多通道测试室，样品室利用每端（两端）的镜子把红外线向前或后反射通过样气，产生 14m 的吸收路径，此距离能够提供针对 CO 密度变化的最大灵敏检测需要。

总之，气体污染物监测仪的主要技术性能指标各有不同，具体见表 2-7。

表 2-7　气体污染物监测仪技术性能指标

项目	NO$_2$	SO$_2$	O$_3$	CO
测量原理	化学发光法、差分吸收光谱法（DOAS 法）	紫外荧光法，差分吸收光谱法（DOAS 法）	紫外吸收法，差分吸收光谱法（DOAS 法）	相关滤光红外吸收法，非分散红外吸收法
测量范围（体积分数）	$0 \sim 0.5 \times 10^{-6}$	$0 \sim 0.5 \times 10^{-6}$	$0 \sim 0.5 \times 10^{-6}$	$0 \sim 50 \times 10^{-6}$
	$0 \sim 1.0 \times 10^{-6}$	$0 \sim 1.0 \times 10^{-6}$	$0 \sim 1.0 \times 10^{-6}$	
最低检测限（体积分数）	2×10^{-9}	2×10^{-9}	2×10^{-9}	1×10^{-6}
零点漂移（体积分数）	$\pm 5 \times 10^{-9}/24h$	$\pm 5 \times 10^{-9}/24h$	$\pm 5 \times 10^{-9}/24h$	$\pm 1 \times 10^{-6}/24h$
20%跨度漂移（体积分数）	$\pm 5 \times 10^{-9}/24h$	$\pm 5 \times 10^{-9}/24h$	$\pm 5 \times 10^{-9}/24h$	$\pm 1 \times 10^{-6}/24h$
80%跨度漂移（体积分数）	$\pm 10 \times 10^{-9}/24h$	$\pm 10 \times 10^{-9}/24h$	$\pm 10 \times 10^{-9}/24h$	$\pm 1 \times 10^{-6}/24h$
流量	标称的$\pm 10\%$	标称的$\pm 10\%$	标称的$\pm 10\%$	标称的$\pm 10\%$
噪声（体积分数）	1×10^{-9}	1×10^{-9}	1×10^{-9}	0.5×10^{-6}
响应时间/min（从零到90%的标气体积分数值）	5	5	5	4
20%跨度精密度（体积分数）	$\pm 5 \times 10^{-9}$	$\pm 5 \times 10^{-9}$	$\pm 5 \times 10^{-9}$	0.5×10^{-6}
80%跨度精密度（体积分数）	$\pm 10 \times 10^{-9}$	$\pm 10 \times 10^{-9}$	$\pm 10 \times 10^{-9}$	0.5×10^{-6}
转换效率	>96%			
输出	模拟信号或数字信号	模拟信号或数字信号	模拟信号或数字信号	模拟信号或数字信号
工作电压及频率	AC 220V$\pm 10\%$	AC 220V$\pm 10\%$	AC 220V$\pm 10\%$	AC 220V$\pm 10\%$
	50Hz	50Hz	50Hz	50Hz
工作环境温度/℃	$0 \sim 40$	$0 \sim 40$	$0 \sim 40$	$0 \sim 40$

3）空气负离子监测仪

空气负离子监测仪可用于测量空气本底值及各种空气离子发生器所产生的各种正、负极性的大、中、小离子。具有测量准确、灵敏度高、抗潮能力强、使用方便的特点。该仪器可以在无人值守的情况下，全自动检测，在野外环境相对湿度（RH）为 0～100%，温度为−30～+70℃下能常年正常工作；采用智能结霜保护技术，保证了检测结果的正确性；供电方式有机内备用直流电源、外界电池和太阳能三种方式；测量分辨率为 10 个/cm³，测量误差±10%，测量范围分为低值档和高值档，分别为 $10^1 \sim 9.999 \times 10^4$ 个/cm³ 和 $10^5 \sim 9.999 \times 10^8$ 个/cm³，两者之间自动切换。

4）气象要素监测仪

气象要素监测仪主要是用于测量空气环境的温湿度、风速、风向、气压等指标（表 2-8）。采用自动气象观测站即可获取相关参数数据。

表 2-8　气象仪器设备技术性能指标

测量项目	测量范围	测量精度	输出信号
风速/（m/s）	1～50	±1	
风向	0°～360°或 16 个方位	±7°	
温度/℃	−50～50	±0.5	模拟信号或数字信号
相对湿度/%	0～100	±10	
气压/kPa	60～110	±0.1	

4. 校准设备

校准设备包括零气发生器和多气体校准装置（表 2-9），用于对气体污染物监测仪的校准和分析。

表 2-9　自动校准设备技术性能指标

设备名称	性能指标	技术要求	备注
多气体校准装置	稀释比率	1/1000～1/100	
	流量计准确度	±1%	
	渗透室温度准确度/℃	±0.1	
	臭氧发生准确度	±2%	
	工作环境/℃	0～40	1. 要求所有的稀释源使用含氧量为 20.9±0.2% 的无干扰物干燥气体
	SO_2 监测仪	SO_2 体积分数<0.5×10^{-9}	
	NO_x 监测仪	NO_x 体积分数<0.5×10^{-9}	2. 渗透室温度为渗透室中渗透管周围的温度
	O_3 监测仪	O_3 体积分数<0.5×10^{-9}	
零气发生器		NO_x<0.5×10^{-9}	
	CO 监测仪	O_3 体积分数<1×10^{-9}	
		不含 C_mH_n	
		CO 体积分数<10×10^{-9}	

（1）零气发生器

零气发生器是空气自动监测系统中的关键设备，它由零气发生器及外部的空压机系统两大部分组成。压缩机系统将空气压缩后输入到零气发生器中，零气发生器产生不含被测污染气体（如 SO_2、CO、O_3、NO、NO_2 和 C_mH_n 等）。其工作原理及流程如图 2-10 所示。

图 2-10　零气发生器工作原理及流程

a. 空气经压缩机压缩后，经过聚结过滤器将空气中的水分滤掉。

b. 反应室起催化、氧化作用，它的最佳工作温度为 375℃，反应室的主要作用是将空气中的 CO 氧化成 CO_2，将 C_mH_n 及甲烷氧化成水和 CO_2 后除掉。

c. 清洁柱（PURAFIL，在氧化铝载体上涂有高锰酸钾）主要起氧化作用，将 NO 氧化成 NO_2 后除掉。

d. 碘化后的活性炭主要起吸附作用，以除掉 NO_2、SO_2、O_3 和 C_mH_n 等。

（2）动态气体校准仪

动态气体校准仪用于对各种气体分析仪的校准，包括校零、准确度检查、单点检查、审核及多点检查等。

校准仪通过精确气体稀释系统产生已知浓度的各种气体，使用两个质量流量控制器来实现。一个是高流量控制器（10slpm[①]），用来控制零气的流量；另一个是低流量控制器（100sccm[②]），用来控制被稀释的气体流量。这两部分气体在一个聚四氟乙烯混合室里充分混合，使每种气体都达到精确的混合浓度。

2.1.3　观测标准体系

观测标准体系是森林治污减霾野外观测体系的技术支撑。北京市和陕西关中地区森林治污减霾所依据的标准体系主要包括中华人民共和国国家标准《森林生态系统长期定位观测方法》（GB/T 33027—2016）、中华人民共和国林业行业标准《森林生态系统定位观测指标体系》（LY/T 1606—2003）。从而保证了野外数据的科学性、准确性和可比性，为北京市和陕西关中地区森林治污减霾功能研究提供了野外基础数据保障。

2.1.4　观测数据采集与传输

在森林治污减霾功能研究中，数据是监测与研究的基础。为了加强管理，实

---

① 1slpm 表示标准状态下每分钟的流量为 1cm³

② 1sccm 表示标准状态下每分钟的流量为 1L

现数据资源共享，数据采集与管理严格按照中华人民共和国林业行业标准《森林生态系统定位研究站数据管理规范》（LY/T 1872—2010）和《森林生态站数字化建设技术规范》（LY/T 1873—2010），针对生态参数的采集、传输、管理、计算、存档、质量监控、共享等进行了规范，这为北京市和陕西关中地区森林治污减霾功能研究过程中数据的采集与传输提供了基础保障。

2.2　分布式测算研究体系

分布式测算源于计算机科学，是研究如何把一项整体复杂的问题分割成相对独立运算的单元，并将这些单元分配给多个计算机进行处理，最后将计算结果综合起来，统一合并得出结论的一种计算科学。

最近的分布式测算项目已经被用于使用世界各地成千上万位志愿者的计算机的闲置计算能力，来解决复杂的数学问题，如搜索梅森素数的分布式网络计算（GIMPS）和研究寻找最为安全的密码系统（RC4）等，这些项目都很庞大，需要惊人的计算量。而分布式测算研究如何把一个需要非常巨大计算能力才能解决的问题分成许多小的部分，然后把这些部分分配给许多计算机进行处理，最后把这些计算结果综合起来得到最终的结果。随着科学的发展，分布式测算已经成为一种廉价、高效、维护方便的计算方法。

陕西关中地区和北京市森林植被治污减霾功能研究是一项庞大、复杂的系统工程，适合划分成多个均质化的生态测算单元开展分布式测算研究（Niu *et al.*,2013）。分布式测算方法能够进一步保证结果的准确性及可靠性（牛香，2012）。本研究以北京市为例作为研究区域，阐述如何构建森林植被治污减霾功能的分布式测算方法。

根据北京市的地理区划及森林资源概况（园林绿化树种、百万亩造林树种及常见的森林植被类型），北京市森林治污减霾功能的分布式测算方法为：①将北京市按照行政区划分为 16 个一级测算单元，分别为海淀区、朝阳区、门头沟区等；②每个一级测算单元按照优势树种林分类型划分为 17 个二级测算单元，主要包括油松、圆柏、栎树、刺槐、白皮松、银杏、桦类、杨树、栎类、核桃等；③每个二级测算单元按照起源划分为天然次生林和人工林两个三级测算单元；④每个三级测算单元按照龄林组划分为幼龄林、中龄林、近熟林、成熟林、过熟林 5 个四级测算单元。结合不同立地条件的对比观测，最终确定 2720 个均质化的评估测算单元（图 2-11）。

基于生态系统尺度的定位实测数据，运用遥感反演、模型模拟等技术手段，进行由点及面的数据尺度转换，将点上实测数据转换至面上测算数据，得到各研究单元的测算数据；以上均质化的单元数据累加的结果即为北京市森林治污减霾功能测算结果。

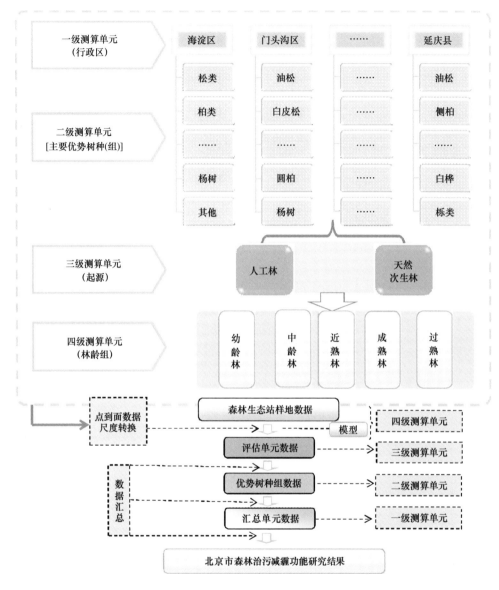

图 2-11 北京市森林治污减霾功能分布式测算方法

采用同样的方法，确定陕西关中地区共 1190 个均质化的评估测算单元。

2.2.1 测算研究指标体系

依据中华人民共和国国家标准《森林生态系统长期定位观测方法》（GB/T 33027—2016）和《森林生态系统服务功能评估规范》（LY/T 1721—2008），结合陕西关中地区和北京市森林治污减霾功能研究实际情况，在满足代表性、全面性、简明性、可操作性及适应性等原则的基础上，本次研究选取了 9 项指标（图 2-12）。

图 2-12 森林治污减霾功能测算研究指标体系

2.2.2 数据源耦合集成

本研究的数据源主要包括以下三方面。

（1）生态连清数据集

关中地区的生态连清数据集主要来源于陕西省及周边 5 个森林生态站、10 多个辅助观测点及陕西关中地区 2010 年以来造林地调查及观测研究所获取的相关参数；北京市生态连清数据集主要来源于北京市及周边省份 4 个森林生态站和 4个森林环境质量监测点所获取的相关参数。

（2）资源连清数据集

关中地区的资源连清数据集包括陕西省林业厅提供的关中地区森林资源二类调查数据、陕西省林业勘察设计院提供的 2010～2012 年造林工程情况的调查数据和 2013～2015 年关中地区造林规划；北京市的资源连清数据集包括北京市第七次森林资源连续清查数据、北京市平原百万亩造林数据和北京市绿地系统规划数据等。

（3）社会公共数据集

包括《中国统计年鉴》（2010～2015 年）、《陕西省统计年鉴》（2010～2013年）、《北京市统计年鉴》（2010～2014 年）、2014 年环保部统计数据、2013 年和2014 年北京市环保局环境质量公告及陕西关中地区各地市权威机构公布的社会公共数据等。

2.2.3 森林生态功能修正系数

森林生态服务功能的合理测算具有重要意义，社会进步程度、经济发展水平、森林资源质量等对森林生态系统服务功能均会产生一定影响，而森林自身结构和功能状况则是体现森林生态系统服务功能可持续发展的基本前提。"修正"作为一种状态，表明系统各要素之间具有相对"融洽"的关系。当用现有的野外实测值不能代表同一生态单元同一目标林分类型的结构或功能时，就需要采用森林生态功能修正系数（forest ecological function correction coefficient，FEF-CC）客观地从生态学精度的角度反映同一林分类型在同一区域的真实差异。其理论公式为：

$$FEF\text{-}CC = \frac{B_e}{B_0} = \frac{BEF \cdot V}{B_0} \tag{2-6}$$

式中，FEF-CC 为森林生态功能修正系数；B_e 为研究林分的生物量（kg/m^3）；B_0 为实测林分的生物量（kg/m^3）；BEF 为蓄积量与生物量的转换因子；V 为研究林分的蓄积量（m^3）。

2.2.4 计算公式和模型包

1. 净化大气环境功能

近年雾霾天气的频繁及大范围出现，使空气质量状况成为民众和政府部门关注的焦点，空气颗粒物（如 PM_{10}、$PM_{2.5}$）被认为是造成雾霾天气的罪魁祸首。如何控制空气污染、改善空气质量成为科学研究的热点。

森林能有效吸收有害气体和阻滞粉尘，还能释放氧气与萜烯物，从而起到净化空气环境的作用。为此，陕西关中地区和北京市森林治污减霾功能研究选取提供负离子、吸收污染物和滞尘等指标反映植被净化空气环境的能力。

（1）森林滞纳空气颗粒物功能

森林滞纳空气颗粒物功能的主要计算公式如下。

A）不同树种单位叶面积颗粒物滞纳量

$$m_i = \frac{M_i'}{S_i} \tag{2-7}$$

式中，m_i 为树种 i 单位叶面积颗粒物滞纳量（$\mu g/cm^2$）；M_i' 为气溶胶再发生器测试树种 i 的叶片样本的颗粒物滞纳量（μg）；S_i 为气溶胶再发生器测试树种 i 的叶片面积（cm^2）。

B）林分滞纳 TSP 量

$$G_{TSP} = 10 \cdot Q_{TSP} \cdot A \cdot n \cdot F \cdot LAI \tag{2-8}$$

式中，G_{TSP} 为实测林分年滞纳 TSP 量（t/a）；Q_{TSP} 为单位面积实测林分年滞纳 TSP 量[kg/（hm²·a）]；A 为林分面积（hm²）；n 为年洗脱次数；F 为森林生态功能修正系数；LAI 为叶面积指数。

C）林分滞纳 PM_{10} 量

$$G_{PM_{10}} = 10 \cdot Q_{PM_{10}} \cdot A \cdot n \cdot F \cdot LAI \tag{2-9}$$

式中，$G_{PM_{10}}$ 为实测林分年滞纳 PM_{10} 的量（kg/a）；$Q_{PM_{10}}$ 为实测林分单位叶面积滞纳 PM_{10} 的量（g/m²）；A 为林分面积（hm²）；n 为年洗脱次数；F 为森林生态功能修正系数；LAI 为叶面积指数。

D）林分滞纳 $PM_{2.5}$ 量

$$G_{PM_{2.5}} = 10 \cdot Q_{PM_{2.5}} \cdot A \cdot n \cdot F \cdot LAI \tag{2-10}$$

式中，$G_{PM_{2.5}}$ 为实测林分年滞纳 $PM_{2.5}$ 的量（kg/a）；$Q_{PM_{2.5}}$ 为实测林分单位叶面积滞纳 $PM_{2.5}$ 量（g/m²）；A 为林分面积（hm²）；n 为年洗脱次数；F 为森林生态功能修正系数；LAI 为叶面积指数。

（2）提供负离子指标

林分年提供负离子量计算公式：

$$G_{负离子} = 5.256 \times 10^{15} \times Q_{负离子} A H / L \tag{2-11}$$

式中，$G_{负离子}$ 为实测林分年提供负离子个数（个/a）；$Q_{负离子}$ 为实测林分负离子浓度（个/cm²）；A 为林分面积（hm²）；H 为林分高度（m）；L 为负离子寿命（min）。

（3）吸收污染物指标

二氧化硫、氟化物和氮氧化物是空气污染物的主要物质，因此，本次研究中选取森林吸收二氧化硫、氟化物和氮氧化物三个指标研究森林吸收污染物的能力。森林对二氧化硫、氟化物和氮氧化物的吸收，可使用面积-吸收能力法、阈值法、叶干质量估算法等。本次研究中采用面积-吸收能力法分析森林吸收污染物的总量。

A）吸收二氧化硫量

林分二氧化硫年吸收量计算公式：

$$G_{二氧化硫} = Q_{二氧化硫} \cdot A \cdot F / 1000 \tag{2-12}$$

式中，$G_{二氧化硫}$ 为实测林分年吸收二氧化硫量（t/a）；$Q_{二氧化硫}$ 为单位面积实测林分吸收二氧化硫量[kg/（hm²·a）]；A 为林分面积（hm²）；F 为森林生态功能修正系数。

B）吸收氟化物量

林分氟化物年吸收量计算公式：

$$G_{氟化物} = Q_{氟化物} \cdot A \cdot F / 1000 \tag{2-13}$$

式中，$G_{氟化物}$ 为实测林分年吸收氟化物量（t/a）；$Q_{氟化物}$ 为单位面积实测林分吸收氟化物量[kg/（hm²·a）]；A 为林分面积（hm²）；F 为森林生态功能修正系数。

C）吸收氮氧化物量

林分氮氧化物年吸收量计算公式：

$$G_{氮氧化物} = Q_{氮氧化物} \cdot A \cdot F / 1000 \qquad （2\text{-}14）$$

式中，$G_{氮氧化物}$ 为实测林分年吸收氮氧化物量（t/a）；$Q_{氮氧化物}$ 为单位面积实测林分年吸收氮氧化物量[kg/（hm²·a）]；A 为林分面积（hm²）；F 为森林生态功能修正系数。

2. 固碳释氧功能

森林与空气的物质交换主要是二氧化碳与氧气，即森林固定并减少空气中的二氧化碳，同时增加空气中的氧气，这对维持空气中的二氧化碳和氧气动态平衡、减少温室效应及为人类提供生存基础都有巨大和不可替代的作用（Wang *et al.*，2013）。本研究选用固碳、释氧两个指标反映森林固碳释氧功能。根据光合作用化学反应式，森林植被每积累 1.00g 干物质，可以吸收（固定）1.63g 二氧化碳，释放 1.19g 氧气。

（1）固碳指标

林分年固碳量计算公式：

$$G_{碳} = A * (1.63 R_{碳} \cdot B_{年} + F_{土壤碳}) \cdot F \qquad （2\text{-}15）$$

式中，$G_{碳}$ 为实测林分年固碳量（t/a）；A 为林分面积（hm²）；$R_{碳}$ 为二氧化碳中碳的含量，为 27.27%；$B_{年}$ 为实测林分年净生产力[t/（hm²·a）]；$F_{土壤碳}$ 为单位面积林分土壤年固碳量[t/（hm²·a）]；F 为森林生态功能修正系数。

（2）释氧指标

林分年释氧量计算公式：

$$G_{氧气} = 1.19 A \cdot B_{年} \cdot F \qquad （2\text{-}16）$$

式中，$G_{氧气}$ 为实测林分年释氧量（t/a）；$B_{年}$ 为实测林分年净生产力[t/（hm²·a）]；A 为林分面积（hm²）；F 为森林生态功能修正系数。

第 3 章　森林滞纳颗粒物功能监测方法构建

森林主要通过林冠层实现对空气颗粒物的滞纳作用，叶片是森林滞纳空气颗粒物的主要场所（Kazuhide *et al.*，2010；Beckett *et al.*，2000b）。因此，首先通过对研究方法的对比分析，研究叶片尺度颗粒物滞纳量的监测方法，在此基础上建立年份尺度和林分尺度上森林滞纳颗粒物的监测体系，为森林治污减霾功能研究方法的选取提供方法学支撑。

3.1　野外样地调查和样品采集

3.1.1　树种选择

在野外样地调查和样品采集时，需先设置标准样地。在陕西关中地区和北京市选取典型优势树种（组）林分类型开展调查。每个典型优势树种（组）林分类型设置 20m×20m 标准样地进行调查（城市绿化造林地根据具体情况进行样地布设和标准木选择）。调查内容主要包括：树种组成、叶面积指数、树高、林分负离子浓度等。根据陕西关中地区造林情况和北京市植被实地调查，以及陕西省林业厅资源数据和北京园林绿化局的相关数据，在陕西关中地区调查的树种包括侧柏（*Platycladus orientalis*）、圆柏（*Juniperus chinensis*）、油松（*Pinus tabuliformis*）、白皮松（*Pinus bungeana*）、核桃（*Juglans regia*）、刺槐（*Robinia pseudoacacia*）、小叶杨（*Populus simonii*）；城市绿化造林树种包括银杏（*Ginkgo biloba*）、柿、女贞（*Ligustrum lucidum*）、石楠（*Photinia serrulata*）、旱柳（*Salix matsudana*）、雪松（*Cedrus deodara*）、西府海棠（*Malus micromalus*）。北京市主要调查的树种包括侧柏、圆柏、油松、白皮松、核桃（*Juglans regia*）、白桦（*Betula platyphylla*）、五角枫（*Acer pictum*）、栎树（*Quercus aliena*）、刺槐；城市绿化造林树种包括银杏、玉兰（*Yulania denudata*）、栾树（*Koelreuteria paniculata*）、大叶黄杨（*Buxus megistophylla*）和雪松。

3.1.2　样品采集

每个样地选择三株标准木，每株标准木按照距离地面高 2～3m 处采集植物叶片，而对于不同林龄，特别是幼龄林，采样的高度基本遵守树干上最底层长有叶片为采样最低高度，采集时把林冠层分为上、中、下三层，分别在东、南、西、北四个方向采集叶片，也就是"四三原则"（图3-1）。采摘的叶片要求成熟、完整、无病虫害和断残。把采摘下来的叶片立即封存于自封袋，立即带回实验室进行测量。根据当地物候条件，从植物展叶到落叶期进行采样，一般而言，阔叶树种采集时间为4月1日～10月31日，针叶树种为2月1日～11月30日。每月采集试验样品一次，每次采集时间选择晴朗无风天，且采样前后最好连续10d左右没有降雨（王兵等，2015）。采样过程基本上覆盖了阔叶树种展叶期到落叶期整个物候时期。

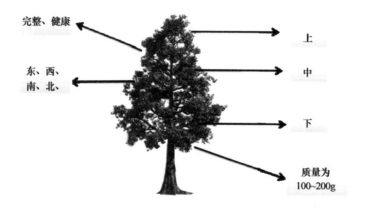

图3-1 植被叶片样品采集示意图

（1）叶片样品用量

将采集的叶片样本用于气溶胶再发生器进行测试分析。柏树、松树等针叶树种叶片取100～200g样品，阔叶树种按照叶片大小选取适量叶片样本进行测试：核桃、加杨、锐齿槲栎8～10片，刺槐30～40片，银杏、旱柳、竹类10～20片，控制样品叶片总面积在300～400cm²；且每个样本设置3～5个重复进行测试。

（2）叶片面积获取

由于松树类针叶的形状特殊，本研究松树类叶面积的计算方法参照Hwang等（2011）的方法。具体操作步骤如下：将松针视为圆锥体，取100根松针样本，用游标卡尺分别量取松针尖端和底端的直径，以及针叶长度，并取平均值，根据以下公式计算松针的面积：

$$S = \frac{1}{2}\pi \cdot (D_1 + D_2) \cdot \left[\frac{1}{4} \cdot (D_2 - D_1)^2 + l^2 \right]^{\frac{1}{2}} \qquad (3\text{-}1)$$

式中，S为松针的面积（cm²），D_1为松针尖端直径的平均值，D_2为松针底端直径的平均值，l 为针叶长度的平均值。

其他树种采用扫描仪（Canon LIDE 110，Japan）进行扫描，利用 Adobe Photoshop（Adobe，US）软件处理图像，获取叶片样本的面积。试验所测叶片样本颗粒物滞纳量与叶片样本面积的比值即为单位叶面积颗粒物的滞纳量（μg/cm²）。不同树种单位叶面积颗粒物滞纳量计算公式为

$$M_i = \sum\nolimits_1^n m_{ij} / S_i \qquad (3\text{-}2)$$

式中，M_i 表示不同树种单位叶面积吸附不同粒径颗粒物的质量（μg/cm²），i 表示不同树种，j 表示颗粒物种类，$n=3$ 表示重复三次，S_i 为测试叶片面积（cm²）。

3.1.3　叶面积指数调查

1. 叶面积指数调查方法

叶片是树木清除空气颗粒物的重要部位，在空气颗粒物质量浓度确定的情况下，一棵树对空气颗粒物的清除量主要决定于其叶片总面积。在林分或区域尺度上，叶面积指数对于估算植被对空气颗粒物的滞纳量十分重要，掌握叶面积的动态变化是获取植被颗粒物滞纳量的前提。此外，林龄、季节和树种等因素也会对植被滞纳空气颗粒物有一定影响，需要依照具体情况去分析。

叶面积指数（leaf area index，LAI）是分析植物群落生长的重要参数，指单位土地面积上植物叶片总面积与土地面积之比，即叶面积指数=叶片总面积/土地面积。

常绿树种因不存在落叶期，本研究对其叶面积指数的年变化忽略不计。落叶树种的叶面积指数会随物候期的变化而变化，尤其是在展叶过程和落叶过程叶面积的变化较为显著。因此，在研究落叶树种的年颗粒物滞纳量时，需要了解其叶面积指数的年变化特点。

贺映娜（2012）将展叶盛期和叶片全部变色期作为生长季的始期和末期，利用 1989～2009 年遥感影像分析秦岭地区的生长季时期，认为生长始期的日期为距 1 月 1 日第 97.8d 和第 96.9d；生长末期为第 308.7d 和第 308.5d。因此根据最近 10 年的研究结果，选择测试叶面积生长时期为：每年的 4 月 7 日左右为生长始期，11 月 5 日左右为生长末期。

本研究采用 WinSCANOPY 对样地的叶面积指数进行了为期 1 年的实地观测记录（2013 年 11 月至 2014 年 11 月）。根据落叶树种物候期特点，将叶面积测量时期划分为展叶期、全叶期和落叶期三个测试阶段。落叶树种叶片在展叶期阶段，叶面积指数由 0 持续增加；在叶片完全展开的全叶期阶段，冠层结构

较为稳定；至落叶期阶段，叶片开始凋落，叶面积指数最终回归到 0。由此，落叶树种的叶面积指数测量时间定在 4 月、5 月和 11 月每周测量一次，1 月、2 月和 12 月认为阔叶树种的叶面积指数为 0，其他月份每两周测量一次。同一林龄的每个林分类型设置三个标准样地，每个样地按照图 3-2 所示进行叶面积测量，每个样地设 9 个样点进行叶面积指数测量，取算数平均值作为样地的叶面积指数值（图 3-2）。

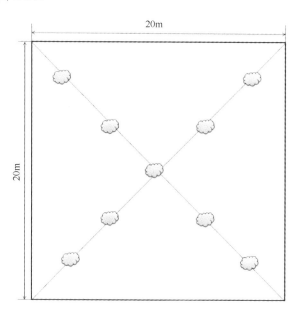

图 3-2　样地内样点设置示意图

树木叶片滞纳量与单位面积叶片滞纳量和叶面积指数相关。某树种单位面积林分对颗粒物滞纳量的计算公式如下：

$$M_i = m_i \cdot \mathrm{LAI}_n \tag{3-3}$$

式中，M_i 为某树种单位面积颗粒物 i 的滞纳功能物质量（kg/hm^2）；m_i 为该单位叶片面积粒颗粒物 i 的滞纳量（μg/cm^2）；LAI_n 为该树种某一时期对应的叶面积指数。

2. 不同树种组叶面积指数对比

林木的叶面积指数会随林龄的变化而变化，影响因素主要包括林分密度、林龄及立地条件等。本研究对陕西关中地区和北京市 6～10 月不同优势树种（组）不同林龄阶段的叶面积指数进行测量，结果见表 3-1。

结果显示，从 3 月 15 日开始叶面积指数持续增长，经过半个月左右的时间，落叶树种的叶面积指数达到当年最大水平，并持续至 10 月中旬；此后，由于叶片逐渐开始凋落，经过 20d 左右的时间，叶面积指数降至 0，本研究对不同树种组、不同林龄阶段的叶面积指数进行对比观测，结果如图 3-3 至图 3-5 所示。由于叶片是颗粒物的主要滞纳场所，因此，叶面积指数为 0 时，认为该树种对颗粒物的滞纳功能也近似为 0。

表 3-1　陕西关中地区和北京市主要造林树种叶面积指数对照表

主要树种	<10 年		10～20 年		>20 年	
	林分密度/（株/hm²）	叶面积指数	林分密度/（株/hm²）	叶面积指数	林分密度/（株/hm²）	叶面积指数
旱柳	1 200～1 540	0.89	1 150～1 430	2.36	1 100～1 500	2.25
杨树	1 900～2 100	0.88	1 850～2 000	3.13	1 760～1 900	3.44
油松	2 200～2 500	1.25	1 560～1 870	4.67	1 600～1 800	4.21
华山松	1 000～1 240	1.12	990～1 300	4.13	—	—
侧柏	2 300～3 500	1.02	1 240～1 430	3.90	1 240～1 540	4.84
圆柏	2 600～3 700	1.33	1 430～1 670	3.57	1 400～1 600	4.98
刺槐	1 300～1 500	1.46	900～1 000	4.78	950～1 100	3.91
核桃	2 100～2 570	1.37	1 700～1 970	2.66	1 650～1 840	2.75
栎类	—	—	1 650～1 900	2.62	1 660～2 000	2.36
水杉	—	—	980～1 200	2.76	1 000～1 430	2.69
云杉	—	—	1 030～1 360	3.19	920～1 030	3.09
散生竹	28 700～30 000	4.45			21 000～24 000	4.88

注："—"代表该林分的叶面积指数数据缺失

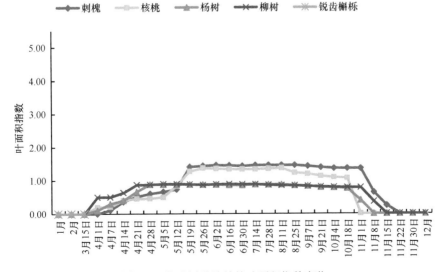

图 3-3　落叶树种幼龄林叶面积指数变化

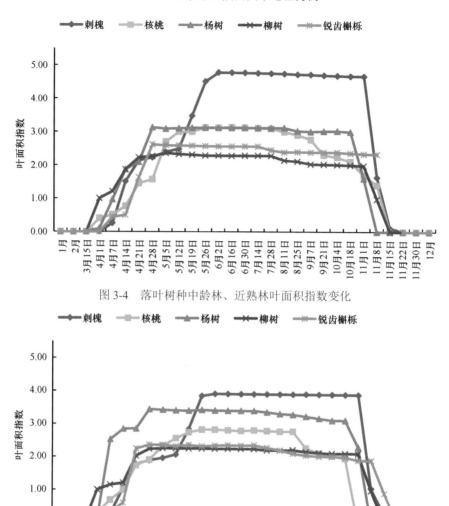

图 3-4 落叶树种中龄林、近熟林叶面积指数变化

图 3-5 落叶树种成熟林叶面积指数变化

3.2 森林滞纳空气颗粒物功能监测方法研究

3.2.1 叶片尺度滞纳空气颗粒物功能方法学研究

目前测量叶片滞纳空气颗粒物的方法主要有三种：空气颗粒物再悬浮法、洗脱测试法和环境磁学法。为了更好地选择适用于森林治污减霾功能的研究方法，本研究将气溶胶再发生器法（主要原理是空气颗粒物再悬浮法）与水洗称重法（主要原理是洗脱测试法）进行对比分析，以找出更适用的测量方法。结果显示两种

测量方法结果存在一定差异（图 3-6）。

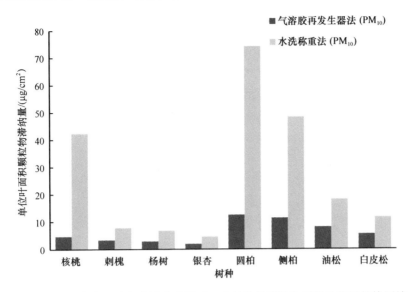

图 3-6 气溶胶再发生器法与水洗称重法对 8 个树种的颗粒物滞纳功能量的检测结果

虽然两种方法检测的颗粒物粒径范围不同，但从整体测试结果看，气溶胶再发生器法的测量结果普遍低于水洗称重法的测量结果。这主要是两种试验方法原理不同造成的。相比于水洗称重法，颗粒物再悬浮法操作简单、可实施性强、数据获取快速准确。因此本研究利用气溶胶再发生器来量化不同地区不同优势树种（组）叶片滞纳颗粒物量的大小。

虽然水洗称重法和气溶胶再发生器法对不同树种颗粒物滞纳功能检测的绝对值有差异，但是两种方法对不同树种测试数据的大小格局相同。在本项研究中，不同树种 PM_{10} 和 $PM_{2.5}$ 的滞纳量表现为柏类＞松类＞核桃＞杉松＞其他阔叶树种。Beckett 等（2000a）对柏树和松树等 5 个树种叶片颗粒物滞纳量的分析表明，松类的颗粒物滞纳量最高，其次是柏类，均高于其他阔叶树种；王蕾等（2007，2006a）采用重量法研究针叶树种表面颗粒物附着密度，发现圆柏和侧柏叶片表面颗粒物密度最高，其次为雪松、白皮松，油松和云杉最低；绝大多数研究结果均显示针叶树种对颗粒物的滞纳能力较强（Nowak et al.，2013；Wang et al.，2013；Hwang et al.，2011），这与本研究中气溶胶再发生器和水洗称重法获得结果的趋势相同。

与气溶胶再发生器法相比，水洗称重法易产生误差。一方面，水洗称重法是将人工降尘后的叶片取下后放入烧杯中振荡清洗，由于柏类、松类树种叶片的簇状、鳞片状结构能够滞纳大量颗粒物，这些颗粒物与叶片分离的同时，会大量损失，而阔叶树种叶片受这方面的影响较小；另一方面，针叶树种，尤其是松类树种的叶片在受到外界超生振荡胁迫的时候会分泌油脂等黏性分泌物，使附着在叶片表面的颗粒物更难以被水洗脱。此外，水洗称重法的具体操作步骤复杂，且颗粒物清洗方式、滤膜孔径与材质均可能影响试验结果的准确性（Hofman et al.，2014；刘璐等，2013；Dzierżanowski et al.，2011；王赞红和李纪标，2006）。

此外，水洗称重法的检测结果受尘源组分、操作手法及滤膜材质的影响较大，如在水洗过程中颗粒物可能会发生溶解、聚合作用（Terzaghi et al.，2013；Yang et al.，2011；杨书申和邵龙义，2007），导致颗粒物的质量和粒径分布难以准确获得。这些试验过程中产生的误差，可能会掩盖叶片本身在颗粒物滞纳功能上的差别。而气溶胶再发生器对颗粒物的形状和组成改变极小，同时，仪器本身的设计对静电等不确定影响因素进行了充分的考虑。

在检测植物叶片对颗粒物滞纳量的过程中，气溶胶再发生器可减少操作步骤，降低试验者的工作量，缩短试验周期，减小试验过程造成的误差，并能够较为准确地检测出不同树种滞纳颗粒物功能的差异。因此气溶胶再发生器法在检测植物叶片对颗粒物滞纳量的实验中更加适用。

3.2.2 林分尺度滞纳颗粒物功能方法学研究

对于不同优势树种（组）滞纳颗粒物功能的测定，本研究只考虑不同林分类型叶片对颗粒物的滞纳量，其他因素暂不考虑。在监测叶片滞纳颗粒物量时，需要测量一年内不同林分叶片滞纳颗粒物量。因此，要进一步量化林分对颗粒物的滞纳功能，主要考虑以下两个方面：第一，研究区降雨对林分滞纳颗粒物的洗脱作用；第二，不同优势树种（组）年颗粒物滞纳量的确定。

1. 降雨对颗粒物的洗脱作用

在风和降水等的作用下，树木叶片表面滞纳的颗粒物能够再次悬浮到空气中，或洗脱至地面（Hofman et al.，2014；Pullman，2009）。降雨能够洗脱树木叶片表面滞纳的颗粒物，使叶片具有反复滞纳颗粒物的能力。结合气象数据研究降雨对叶片表面滞纳颗粒物能力的恢复程度，可以准确掌握叶片重复滞纳颗粒物的质量，为准确量化森林对空气颗粒物的滞纳作用提供数据支持。因此，试验过程中只考虑降雨对叶片滞纳颗粒物洗脱量的影响。

本研究采用 Norton VeeJet 80100 型喷嘴式人工模拟降雨设备，喷射高度为2.6m，均匀系数为73.3%。试验设置喷头摆动频率为100sweep/min（1sweep 表示喷头从初始位置到最远位置或从最远位置回到初始位置），经测定，降雨强度为0.80mm/min，降雨时间分别设 0min、10min、20min、30min 及 40min 共 5 个，降雨量分别设 0mm、7.9mm、15.9mm、23.9 mm、31.9mm。结果显示，不同优势树种（组）在不同降雨处理中表现出不同的洗脱特征（图 3-7，图 3-8）。例如，旱柳、白皮松、油松和红松的洗脱率在降雨量较低时急剧增加，随后随着降雨量增加，洗脱率呈现平缓增加趋势，直至无明显变化；银杏、加杨、侧柏、圆柏的洗脱率与降雨量之间呈近线性关系，这可能与叶片表面的亲水-疏水性相关。叶片的亲水-疏水性会影响水分在叶片上的状态，在亲水性较强的叶片表面，水分容易形成水膜而较易滞留在叶片上，这会导致叶片表面附着的颗粒物也长时间滞留在叶片上；而当水分超出叶片表面的最大持水量时，叶片表面的颗粒物会随之迅速脱离叶片，进而形成先急剧升高后平缓的洗脱曲线；而疏水性较强的叶片，水分容易在叶片形成水珠，在重力等外力作用下脱离叶片，同时也带走了一部分叶片表面的颗粒物，从而形成近线性的洗脱率曲线。

（1）阔叶树种洗脱率的差异

通过人工模拟不同降雨量对不同树种叶片上颗粒物的洗脱试验，发现不同阔叶落叶树种间颗粒物的洗脱率差异较大（图 3-7）。其中，旱柳表面颗粒物洗脱率随降雨量增加增长较快，当降雨量达到 15.9mm 时，洗脱率达到较高水平，之后随降雨量增加其增长不明显；且降雨对细颗粒物 $PM_{2.5}$ 的洗脱率较高（图 3-7A）；

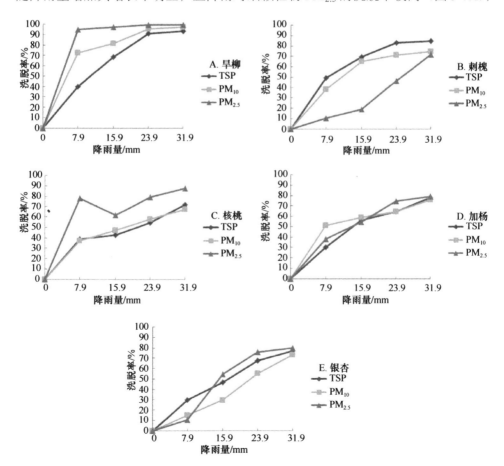

图 3-7　阔叶落叶树种不同降雨量处理后叶片表面颗粒物洗脱率

刺槐表面颗粒物 PM$_{2.5}$ 在降雨量较小时，洗脱率较小，随着降雨量的增加洗脱率升高较快（图 3-7B）；核桃表面颗粒物洗脱率与其他树种相比较低，但其表面滞纳的 PM$_{2.5}$ 表现出较高的洗脱率，说明核桃叶片表面的细颗粒物比粗颗粒物更易洗脱（图 3-7C）；加杨和银杏叶片表面的颗粒物洗脱率与降雨量的相关性较其他阔叶树种表现出较强的线性关系，且各个粒径范围颗粒物的洗脱率相似（图 3-7D，E）。

（2）针叶树种洗脱率的差异

针叶树种之间叶片表面颗粒物洗脱率也表现出不同特征（图 3-8）。松类树种颗粒物的洗脱率随着降雨量的增加表现出先快速升高，然后趋于平缓（图 3-8A～C）；柏类颗粒物的洗脱率与降雨量之间表现出较强的线性关系（图 3-8D，E）；杉松叶片表面的颗粒洗脱率较高，且与松类树种（白皮松、油松、红松）一样，表现为快速升高后平缓的趋势（图 3-8F）。基本上是降雨量在 7.91～15.9mm 时，能

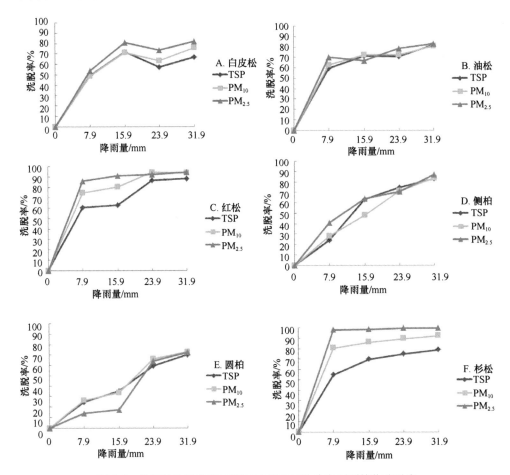

图 3-8　常绿针叶树种不同降雨量处理后叶片表面颗粒物洗脱率

够把叶片上的颗粒物清洗掉；而叶片表面亲水-疏水性差异可能是造成洗脱率不同的重要原因。

叶片表面洗脱率的大小，能够反映该树种叶片在降雨事件中颗粒物滞纳功能恢复的难易程度。通常洗脱率越高，其滞纳颗粒物能力恢复得越彻底；而洗脱率在较低的降雨量条件下即可达到较高水平，则说明该树种叶片在降雨事件中容易恢复其滞纳能力。研究表明：松类、旱柳和杉类在降雨量>15.9mm 时的洗脱率已达到较高水平，因此，其叶片滞纳颗粒物的能力较其他树种更容易恢复。同时，在近 30 次人工模拟相同降雨试验中发现，上述树种滞纳颗粒物的洗脱率平均可达到 80%～90%，说明其颗粒物滞纳功能很容易恢复。由此可知，在空气颗粒物浓度较高、单次降雨量不高的地区，可以优先选取以上树种作为清除空气颗粒物的绿色屏障。

虽然有些树种的颗粒物滞纳功能在降雨事件中更容易彻底恢复，但实际发挥的作用还需考虑其他方面。例如，松类、柏类植物在春季散播花粉时会引起花粉热等花粉过敏症状（Okubo et al.，2005），且随着空气中 $PM_{2.5}$ 等污染物浓度的升高，花粉过敏源致敏作用会比花粉粒的存在时间持续更长（Savoy and Mackay，2015）；杨柳飞絮带来了春回大地的信号，但同时也会对人体的呼吸道产生不良刺激（欧阳志云等，2006）。这些因素在树种配置时，尤其是在市区和居住区等区域的绿化设计方案中，应当予以充分考虑。

从试验结果看，当降雨量>15.9mm 时，颗粒物的洗脱率普遍在 70%～90%。同时 Pullman（2009）的研究结果显示，当降雨量达到 15.9mm 时，粒径为 3.0μm 的颗粒物洗脱量基本达到平稳状态（洗脱率 83%～89%），即降雨量继续增大时，颗粒物的洗脱量不再增加。降雨量达到一定量，即使有更深度的清洗，也无法将叶片表面的颗粒物完全洗脱（王赞红和李纪标，2006）。因此，本研究认为，降雨量达到 15.9mm 时的降雨事件可以对叶片进行有效的清洗。

（3）研究区洗脱次数的确定

根据王赞红和李纪标（2006）对植物叶片滞尘能力的研究，暴露在城市街道环境的植物，叶片滞纳颗粒物的量需要 15d 左右的时间才能达到有效清洗的作用。本研究通过中国气象科学数据共享服务网（http://cdc.cma.gov.cn/dataResult.do）获取关中地区和北京市近 5 年来（2010～2015 年）的降雨量数据，确定陕西关中地区和北京市 2010～2015 年的降雨量及其对林冠叶片颗粒物滞纳量的洗脱次数。

陕西关中地区和北京市降水主要发生在 5～9 月，最大降雨量出现在 7 月和 9 月。根据落叶阔叶树种物候特点，分析研究区的日降雨量，发现落叶树种在展叶期内，平均每年降雨量>15.9mm 的事件见表 3-2，总体而言，关中地区平均每年发生的日降雨量超过 15.9mm 的有 13～17 次，北京平均为 15 次。

表 3-2　2010～2015 年北京市和陕西关中地区年降雨量大于 15.9mm 的平均次数

月份	北京	西安	宝鸡	咸阳	渭南	铜川
1	0	0	0	0	0	0
2	0	0	0	0	0	0
3	0	0	0	0	1	1
4	1	1	2	0	1	1
5	2	3	3	3	2	1
6	3	2	2	1	2	2
7	3	3	3	3	3	2
8	3	2	3	3	3	3
9	3	2	3	3	3	3
10	0	1	1	0	1	0
11	0	1	0	0	1	0
12	0	0	0	0	0	0
总次数	15	15	17	13	17	13

注：杨凌并入西安进行统计，韩城并入渭南进行统计

2. 不同优势树种（组）年颗粒物滞纳量的确定

通过降雨的洗脱作用，林木经过林冠叶片的颗粒物累积—洗脱清空—再累积的反复过程，实现对空气颗粒物的滞纳。因此，林木的年颗粒物滞纳量与研究区林木未达到饱和滞纳量的时间及降雨对林冠层叶片颗粒物的洗脱作用密切相关。

不同树种林木颗粒物滞纳功能物质量的计算公式如下所示：

$$\mathrm{GPM}_i = 10 \times \sum_{i=1}^{n} \left(\mathrm{QPM}_i \cdot A \cdot N \cdot F \cdot \mathrm{LAI} \right) \tag{3-4}$$

式中，GPM_i 为该树种每年对粒径范围为 i 颗粒物的滞纳功能物质量（kg/a）；QPM_i 为该树种颗粒物滞纳量（g/m^2）；A 为该树种林分面积（hm^2）；N 为该树种年洗脱次数；F 为森林生态功能修正系数；LAI 为该林分叶面积指数。

n 的确定：对于落叶树种来说，树木展叶期内降雨对叶片滞纳的颗粒物具有清除作用，因此，n 应根据叶片物候期内的降雨事件进行确定；而对于常绿树种来说，全年降雨都对叶片滞纳的颗粒物具有清除作用，因此，n 应根据一年中降雨事件进行确定。

3.3　小　　结

采用气溶胶再发生器法检测叶片表面颗粒物滞纳量，工作量小，试验周期

短，操作步骤简单，减少了因繁复的操作步骤产生的高误差频率，能够较为准确地检测出不同树种叶片颗粒物滞纳量的差异，与水洗称重法相比具有更大的优势。

通过研究发现，陕西关中地区和北京市日平均降雨量达到 15.9mm 时，可以较为有效地清除叶片表面的颗粒物。因此，在日降雨量超过 15.9mm 时，叶片表面的颗粒物均可以得到有效的清除。

第4章 陕西关中地区森林治污减霾功能研究

4.1 陕西关中地区概况

4.1.1 自然地理概况

关中地区位于陕西省中部（N33°34′~35°52′，E106°18′~110°38′）（图 4-1），包括韩城、渭南、西安、铜川、咸阳、宝鸡和杨凌，总面积 $5.55×10^4 km^2$，约占陕西省土地总面积的 27%。

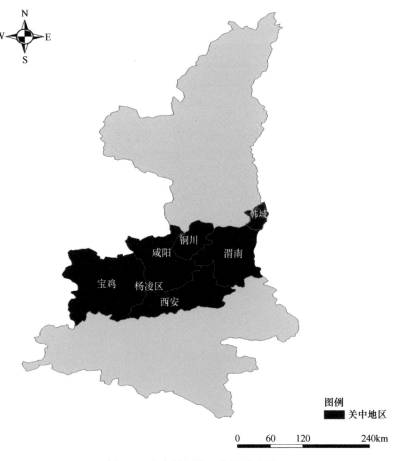

图 4-1　关中地区地理位置示意图

关中地区属于大陆性季风气候，处于暖温带半湿润半干旱气候带，冬冷夏热，四季分明；降水集中，雨热同季，易发生干旱；年平均气温 12～14℃，最冷月 1 月平均气温–3～–1℃，最热月 7 月平均气温 23～27℃。年均日照时数 2000～2500h，无霜期 200～220d。关中地区地跨三大地质构造单元，分别是渭河平原、陕北高原和南部山区属秦岭地块（图 4-2）。

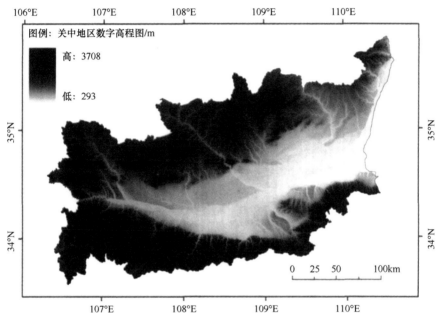

图 4-2 关中地区数字高程图（莫宏伟，2010）

关中大部分地区被不同厚度的黄土所覆盖，仅在渭北山地及子午岭、黄龙山等地出露着寒武系、奥陶系、石炭系灰岩，另有二叠系、三叠系、侏罗系、白垩系及第三系的砂岩、页岩、泥岩等（图 4-3）。土壤类型较为复杂，主要有壤土、褐土、黄绵土、黑垆土等（图 4-4）。

2010 年，关中地区总面积为 $5.5555×10^6 hm^2$，占陕西省总面积的 27%；如图 4-5 所示，耕地面积（16 96 873.55 hm^2）和林地面积（2 293 423.71 hm^2）分别占 30.60%和 41.36%；较小土地利用类型是其他建设用地，仅占土地总面积的 0.28%（王桂波，2012）。

4.1.2 环境质量概况

据陕西省环境保护厅统计（表 4-1），最近几年，关中地区西部各市空气优良天数基本保持不变或略有增加；而在中东部地区，特别是西安市，优良天数有逐

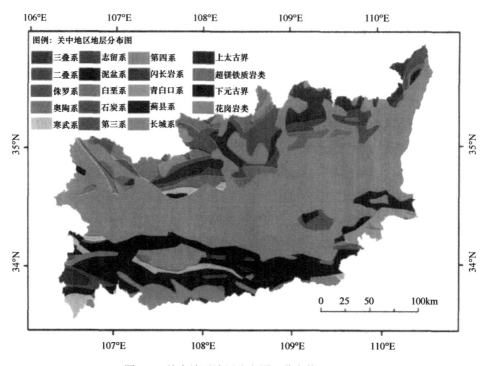

图 4-3　关中地区地层分布图（莫宏伟，2010）

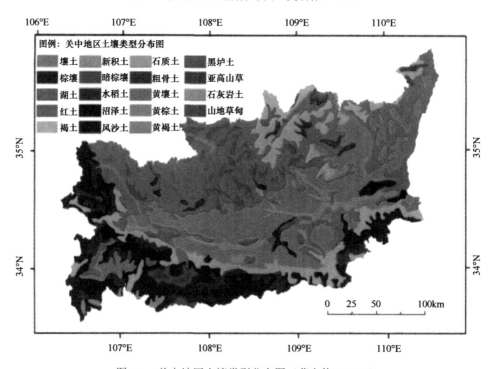

图 4-4　关中地区土壤类型分布图（莫宏伟，2010）

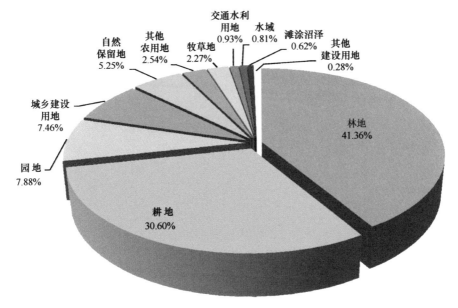

图 4-5　关中地区 2010 年土地利用类型图

表 4-1　2011～2013 年关中地区各研究区空气质量优良天数统计表

研究区	2011 年		2012 年		2013 年	
	优良天数/d	优良率/%	优良天数/d	优良率/%	优良天数/d	优良率/%
西安	305	83.6	306	83.6	138	37.81
铜川	328	89.9	329	89.9	330	90.41
宝鸡	317	86.8	314	85.8	314	86.03
咸阳	318	87.1	317	86.6	313	85.75
渭南	314	86	310	84.7	309	84.66
杨凌	314	86	315	86.1	316	86.58

注：韩城并入渭南；2011 年共 365d，2012 年共 366d，2013 年共 365d

渐减少的趋势。根据彭艳等（2011）的研究，受地形、气候和经济水平发展的影响，关中地区西部能见度逐年好转，而东部能见度则是逐年降低。

2012 年关中地区工业废气排放总量为 $8.8541 \times 10^{11} m^3$，占全省工业废气的 59.96%。其中，二氧化硫、氮氧化物、烟（粉）尘排放量分别为 $4.627 \times 10^5 t$、$3.995 \times 10^5 t$、$1.250 \times 10^5 t$（表 4-2），分别占全省的 61.93%、66.09% 和 32.43%。在 7 个地市（区）中，渭南市的工业废气排放总量、二氧化硫排放量和氮氧化物排放量均显著高于其他研究区，分别占关中地区的 43.90%、56.88% 和 41.35%。烟（粉）尘排放量最大的是铜川市，占全省的 10.79%，占关中地区的 33.28%。

表 4-2 2012 年关中地区工业废气排放量

地区	工业废气排放总量 /×10^{8}m^3	二氧化硫排放量 /×10^{4}t	氮氧化物排放量 /×10^{4}t	烟（粉）尘排放量 /×10^{4}t
西安	1 043.31	8.31	4.19	1.75
铜川	1 184.98	1.81	5.28	4.16
宝鸡	1 348.65	3.05	5.76	1.37
咸阳	1 380.41	6.73	8.19	1.57
渭南	3 886.68	26.32	16.52	3.63
杨凌	10.02	0.05	0.01	0.02
关中地区	8 854.05	46.27	39.95	12.50
全省	14 767.40	74.71	60.45	38.55

注：韩城并入渭南；数据来自于 2013 年《陕西统计年鉴》

4.2 陕西关中地区森林资源概况

4.2.1 陕西关中地区森林资源现状

根据陕西省森林资源二类调查数据，截至 2014 年，关中地区现有森林总面积为 $2.0712×10^6$hm^2。其中，宝鸡森林面积占关中地区森林总面积的比例最大（46.10%），其次为西安（19.95%）、渭南-韩城（13.76%）、咸阳-杨凌（12.11%）和铜川（8.08%）（图 4-6）。

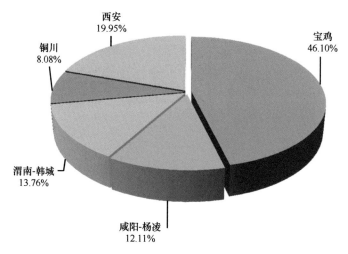

图 4-6 陕西关中地区各研究区森林面积占总面积的比例

关中地区不同优势树种（组）面积所占比例如图 4-7 所示。其中，以栎类、灌木林、其他软阔类所占总面积的比例最大，分别为 33.13%、18.97% 和 18.83%；

各种针叶树种所占比例较小，针叶树中所占面积比例最大的是油松（6.92%）。

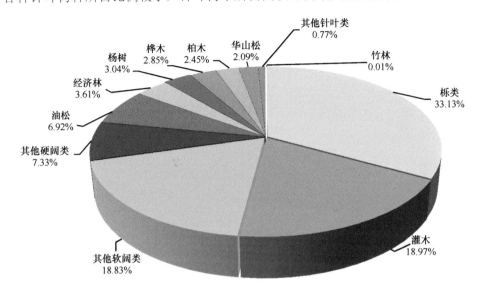

图 4-7　陕西关中地区不同树种面积占总面积的比例

4.2.2　陕西关中地区 2010～2015 年造林规划

根据陕西省林业厅统计，2010～2012 年陕西省关中地区造林总面积约为 $2.710×10^5\text{hm}^2$，主要造林树种为杨树、刺槐、柏树、松树、核桃等。根据陕西省林业厅 2013 年 9 月 3 日审议通过的《林业治污减霾关中地区"百万亩森林"建设实施方案》（以下简称《方案》），关中地区的造林布局概括为"两轴三带五核多点"："两轴"指连霍高速绿色轴和渭河生态景观轴；"三带"指渭北台塬生态经济型水土保持林带、秦岭北麓浅山区水源涵养林带、黄河沿岸防护林带；"五核"指宝鸡、咸阳、西安、铜川、渭南 5 个关中核心城市绿色空间；"多点"指杨凌区、韩城市及 54 个县城绿色空间（图 4-8）。

《方案》确立的建设目标是：从 2013 年起，在目前已实施 $1.408×10^6$ 亩的基础上，三年完成"百万亩森林"，建设任务 $1.069×10^6$ 亩，力争到 2015 年，"百万亩森林"总面积达到 $2.477×10^6$ 亩，使关中地区初步形成"县城周边千亩片林点缀，市级城区万亩城市森林环绕，渭北台塬、连霍高速、渭河两岸、秦岭北麓浅山区、黄河沿岸林带连绵"的"百万亩森林"格局。主要造林树种及所占比例见表 4-3。

2013～2015 年关中地区造林面积规划见表 4-4。按照规划，渭南市和咸阳市是造林的重点地区，两市合计造林面积占计划造林面积的 77.53%。

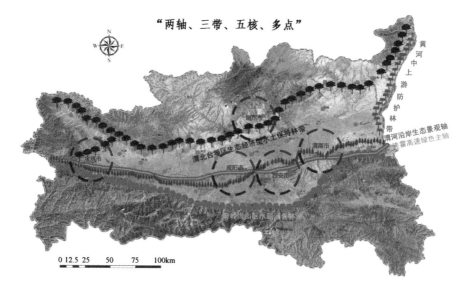

图 4-8　关中地区"百万亩森林"建设布局图（陕西省林业厅提供）

表 4-3　2013～2015 年关中地区造林树种规划

造林树种	规划比例/%	造林树种	规划比例/%
柳树	0.94	侧柏	12.26
杨树	16.98	刺槐	1.89
经济林	34.91	泡桐	0.94
油松	26.42	其他	5.66

表 4-4　2013～2015 年关中地区造林面积规划

研究区	2013 年面积规划 /hm²	2014 年面积规划 /hm²	2015 年面积规划 /hm²	总计面积规划 /hm²	比例/%
西安	2 718.67	2 764.00	1 544.87	7 027.53	9.86
宝鸡	2 386.67	2 381.33	2 290.00	7 058.00	9.90
咸阳	5 696.00	5 736.67	5 724.53	17 157.20	24.08
渭南	12 376.67	12 933.33	12 780.47	38 090.47	53.45
铜川	312.00	312.00	320.67	944.67	1.33
杨凌	126.00	133.33	132.80	392.13	0.55
韩城	189.33	200.67	203.33	593.33	0.83
总计	23 805.33	24 461.33	22 996.67	71 263.33	100.00
比例/%	**33.40**	**34.33**	**32.27**	**100.00**	

关中地区造林主要优势树种（组）面积及比例见表 4-5。

表 4-5　关中地区造林主要优势树种（组）面积及比例

研究区	杨树/刺槐 /hm²	柏树 /hm²	松树 /hm²	核桃 /hm²	其他 /hm²	合计 /hm²	比例 /%
咸阳	17 408	20 951	17 808	22 517	11 910	90 594	33.43
渭南	7 298	13 522.8	1 719	24 034.2	27 419	73 993	27.30
铜川	10 532	15 276	60 96	11 753	0	43 657	16.11
宝鸡	6 384	6 378	3 948	11 970	5 354	34 034	12.56
西安	618	21 493	1 616	0	0	23 727	8.76
韩城	1 350	1 696	1 288	0	0	4 334	1.60
杨凌	0	0	0	0	668	668	0.25
合计	43 590	79 316.4	32 474.9	70 274.4	45 351.3	271 007	100
比例/%	16.08	29.27	11.98	25.93	16.73	100	

4.3　陕西关中地区森林治污减霾功能研究

根据森林治污减霾生态连清体系研究方法，对陕西关中地区森林净化大气环境功能和固碳释氧功能两个类别 9 个分项的功能进行了研究。

4.3.1　不同优势树种（组）治污减霾功能研究

关中地区优势树种（组）治污减霾物质量评估结果见表 4-6。

滞纳空气颗粒物：各优势树种（组）对不同粒径空气颗粒物的滞纳功能存在显著差异，年滞纳空气颗粒物量最大的是栎类、灌木林和其他软阔类，其滞纳不同粒径空气颗粒物物质量占关中地区森林滞纳颗粒物物质量的比例范围为 15.17%～35.52%；最小的为水杉、铁杉和杉木等其他针叶类，其占整个关中地区的比例范围仅为 0.000 06%～0.005%。不同树种叶片特性和结构差异是造成滞纳颗粒物功能不同的主要原因之一。

提供负离子：各优势树种（组）年提供负离子量最多的是栎类、其他软阔类、其他硬阔类，占关中地区森林提供负离子量的比例分别为 9.62%、20.50%、43.46%。最少的为水杉、铁杉和杉木等其他针叶类，占关中地区森林提供负离子量比例分别为 0.000 97%、0.000 16% 和 0.000 03%。这主要与不同优势树种（组）面积、立地条件、自身叶片形态及生活力有关。

吸收污染物：年吸收污染物最多的是栎类、灌木林和其他软阔类，占关中地区森林污染物吸收量比例范围为 16.39%～28.76%。最少的为水杉、铁杉和杉木等其他针叶类，占关中地区的比例范围仅为 0.000 005%～0.0006%。这主要与不同优势树种（组）的面积、生理结构和新陈代谢特征等因素有关。

表 4-6 关中地区主要优势树种（组）治污减霾功能物质量

优势树种（组）	滞纳空气颗粒物			提供负离子 /(×10²²个/a)	吸收污染物			固碳 /(×10⁴t/a)	释氧 /(×10⁴t/a)
	TSP /(×10⁴kg/a)	PM₁₀ /(×10⁴kg/a)	PM₂.₅ /(×10⁴kg/a)		二氧化硫 /(×10⁴kg/a)	氟化物 /(×10⁴kg/a)	氮氧化物 /(×10⁴kg/a)		
栎类	1 840.18	1 085.02	97.11	695.19	6 082.73	319.06	343.08	112.79	256.47
油松	432.31	290.48	27.39	123.22	3 087.98	7.16	85.94	24.56	56.25
灌木林	1 236.94	936.18	75.73	70.92	3 483.28	182.71	235.76	37.68	74.81
杨树	64.61	48.37	2.00	63.50	558.00	29.27	31.47	11.75	27.27
桦木	54.25	40.62	1.68	46.90	523.50	27.46	35.43	11.21	26.10
华山松	79.83	53.64	5.06	33.26	931.46	2.16	25.92	6.53	14.61
柏木	93.33	72.14	4.96	29.47	1 095.92	2.54	25.42	12.39	29.79
经济林	123.67	83.37	6.75	20.97	568.52	12.56	22.42	11.95	27.04
冷杉	33.13	21.90	6.32	19.48	156.97	0.36	4.37	0.64	1.23
云杉	9.93	6.56	1.89	5.84	47.05	0.11	1.31	0.19	0.37
落叶松	5.91	4.46	0.26	4.00	79.44	0.18	2.21	0.54	1.21
泡桐	3.25	2.44	0.10	2.23	23.34	1.22	1.58	0.37	0.81
樟子松	9.39	6.19	0.41	1.96	49.09	0.11	1.37	0.39	0.89
竹林	0.50	0.38	0.03	0.30	1.22	0.03	0.05	0.03	0.07
椴树	0.03	0.02	<0.01	0.02	0.25	0.01	0.02	0.01	0.01
水杉	0.03	0.02	0.01	0.02	0.13	<0.01	<0.01	<0.01	<0.01
铁杉	0.02	0.01	<0.01	<0.01	0.08	<0.01	<0.01	<0.01	<0.01
杉木	<0.01	<0.01	<0.01	<0.01	0.02	<0.01	<0.01	<0.01	<0.01
其他软阔类	785.78	701.79	131.31	327.95	3 431.19	179.98	232.23	54.32	119.75
其他硬阔类	407.40	240.22	21.50	153.91	1 346.68	70.64	91.15	28.84	67.15
其他松类	0.69	0.51	0.02	0.63	12.58	0.03	0.35	0.09	0.19
合计	5 181.18	3 594.32	382.53	1 599.77	21 479.43	835.59	1 140.08	314.28	704.02

固碳释氧：年固碳和释氧最多的为栎类、灌木林和其他软阔类，占关中地区的比例范围为 11.05%～36.26%。最低的为水杉、铁杉和杉木，占关中地区的比例范围仅为 0.0004%～0.0002%。这与各优势树种（组）自身的特性、林龄及其生长区水热条件等因素密切相关。

4.3.2　关中地区各研究区治污减霾功能量变化特征

关中地区各研究区森林治污减霾功能物质量评估结果见表 4-7。

宝鸡市森林治污减霾各项功能物质量占整个关中地区森林治污减霾功能物质量的比例范围最高，为 44.64%～48.47%。其中提供负离子、吸收氟化物的物质量的比例最高，占整个关中地区森林提供负离子和吸收氟化物总量的比例分别为 48.47% 和 47.77%。铜川市森林治污减霾各项功能物质量占整个关中地区森林治污减霾功能物质量的比例范围最低，为 6.50%～9.16%，其中提供负离子量和释氧量比例最低，占关中地区森林提供负离子和释氧量的比例分别为 6.50% 和 7.02%。

各研究区 $PM_{2.5}$ 滞纳量，宝鸡市、西安市和咸阳市（含杨凌区）位居前三，其次为渭南市（含韩城市）。滞纳量最大的宝鸡市是滞纳量最小的铜川市的 5.33 倍。其原因除森林面积的差异外，还包括树种构成的差异，宝鸡市、西安市和咸阳市（含杨凌区）针叶树的面积较大，且松柏较多，而针叶树捕获颗粒物的能力较强。

关中地区森林固碳量能够抵消全省 2012 年能源消耗所排放的二氧化碳总量（2.86×10^8t）的 4.03%。根据许东新（2008）的研究，一人的年耗氧量为 0.292t，则关中地区森林年释放的氧气能够满足 2411.08 万人的年需氧量。

4.4　陕西关中地区造林工程治污减霾功能研究

关中地区造林工程分两个时间段实施，分别是 2010～2012 年和 2013～2015 年。因此，本节主要针对这两个时间段内森林的治污减霾功能进行测算研究。

4.4.1　关中地区 2010～2012 年造林工程治污减霾功能研究

1. 2010～2012 年不同优势树种（组）治污减霾功能研究

（1）提供负离子、吸收气体污染物和固碳释氧功能分析

关中地区主要造林优势树种（组）的两个类别 6 个分项的治污减霾物质量见表 4-8。

表 4-7 关中地区森林治污减霾功能物质量

| 研究区 | 滞纳空气颗粒物 | | | 提供负离子 / (×10²² 个/a) | 吸收污染物 | | | | 固碳 / (×10⁴t/a) | 释氧 / (×10⁴t/a) |
	TSP / (×10⁴kg/a)	PM₁₀ / (×10⁴kg/a)	PM₂.₅ / (×10⁴kg/a)		二氧化硫 / (×10⁴kg/a)	氟化物 / (×10⁴kg/a)	氮氧化物 / (×10⁴kg/a)			
西安	1 033.76	672.16	65.61	359.86	4 660.65	155.05	227.56		67.09	152.21
宝鸡	2 395.78	1 630.77	170.99	775.48	9 677.73	399.19	521.91		147.50	331.56
咸阳（含杨凌）	552.70	425.28	59.78	191.83	2 389.08	102.23	136.43		37.41	83.48
铜川	462.59	329.42	32.11	104.01	1 729.35	69.69	94.63		22.60	49.41
渭南（含韩城）	736.35	536.69	54.04	168.59	3 022.61	109.43	159.56		39.68	87.36
合计	5 181.18	3 594.32	382.53	1 599.77	21 479.42	835.59	1 140.09		314.28	704.02

表 4-8　主要造林优势树种（组）治污减霾功能物质量

优势树种（组）	提供负离子 / （×10²² 个/a）	吸收二氧化硫 / （×10⁴kg/a）	吸收氟化物 / （×10⁴kg/a）	吸收氮氧化物 / （×10⁴kg/a）	固碳 / （×10⁴t/a）	释氧 / （×10⁴t/a）
柏树	9.31	1710.05	3.97	39.66	4.90	7.88
松树	6.73	700.14	1.62	19.48	1.36	1.51
核桃	6.47	534.50	11.81	21.08	2.94	3.21
杨树	9.25	203.90	10.70	11.50	2.34	4.74
刺槐	4.70	182.53	9.57	10.30	2.25	4.65
其他	10.87	402.05	11.68	27.21	2.54	3.80
合计	47.33	3733.17	49.35	129.23	16.33	25.79

注：其他树种的吸滞量数据由石楠、柳树、接骨木、大叶黄杨、西府海棠、柿子、银杏等树种样品的实测数据平均值获得，下同

固碳释氧：固碳和释氧的物质量以柏树最高，松树最低，两者固碳、释氧量分别相差 3.60 倍和 5.22 倍。该结果主要与柏树和松树的面积和林龄有关。关中地区植树造林树种一般都处于幼龄林阶段，对于面积相近的树种而言，针叶树种林分净生产力一般低于速生阔叶树种（杨树）。

提供负离子：各优势树种（组）提供负离子能力存在着显著差异，主要有以下几方面原因。第一，海拔等环境因素对负离子浓度的影响。李印颖（2007）对陕西关中地区负离子与植物的关系进行了研究，结果认为当海拔差在 200m 外，林间负离子浓度存在明显差异，同时指出宇宙射线是自然界产生负离子的重要来源，海拔越高则负离子浓度增加越快；然而，在海拔较低的平原、山区及丘陵地带，宇宙射线难以到达，海拔差不大时，不会明显影响负离子浓度。在本研究中，柏树提供负离子个数最多，刺槐最少，二者相差 1.98 倍，这与柏树采样地海拔较高、刺槐采样地海拔较低有关。第二，植物产生负离子量与植物的生长状况息息相关。吴楚材等（1998）研究认为，植物年龄对林间负离子浓度有显著影响，与植物对负离子产生的贡献"年龄依赖"假设（Tikhonov *et al.*，2004）相吻合。因此，植物生长活力越高，产生的负离子量也越多。第三，叶片形态结构不同也是导致产生负离子量不同的重要原因。从叶片形态上来说，针叶树针状叶的等曲率半径较小，具有"尖端放电"功能，且产生的电荷使空气发生电离从而产生更多的负离子。李印颖等（2007）的研究结果也证实了针叶树种释放负离子量要高于阔叶树种。

吸收空气污染物：松柏吸收空气污染物能力最强，刺槐最弱，二者相差 8.66 倍。这与叶片结构特性有关，一般来说，气孔密度大、叶面积指数大、叶片表面粗糙及绒毛、分泌黏性油脂和汁液等较多的树种，可以吸附和粘着更多的污染物。

柴一新等（2002）研究发现，植物叶片的粗糙度及附着绒毛的疏密程度会影响植物吸收污染物的能力。Neinhuis 和 Barthlott（1998）研究证明，易湿性叶片吸收污染物的能力较强，而具有特殊表面结构和疏水蜡质的叶片，不易润湿，吸收污染物的能力较差；针叶树种与阔叶树种相比，针叶树绒毛较多、表面分泌更多的油脂和黏性物质，气孔密度较大，污染物易于在叶表面附着和滞留；阔叶树种虽然叶片较大，但叶表面比较光滑，分泌的油脂和黏性物质较少，污染物不易在叶表面附着和滞留；另外，针叶树种为常绿树种，叶片可以一年四季吸收污染物。在本研究中，柏树和松树吸收气体污染物能力较强，而刺槐和杨树等阔叶树种能力较弱，这与 Hwang 等（2011）的研究结论一致。

（2）主要优势树种（组）滞纳空气颗粒物功能分析

2010～2012 年主要优势树种（组）滞纳空气颗粒物功能见表 4-9。

表 4-9　主要优势树种（组）颗粒物滞纳量

优势树种（组）	单位公顷颗粒物滞纳量/[kg/（hm²·a）]			颗粒物滞纳量/（×10⁴kg/a）		
	TSP	PM₁₀	PM₂.₅	TSP	PM₁₀	PM₂.₅
柏类	21.24	19.12	5.20	237.00	219.40	55.14
松类	10.46	8.53	1.26	84.28	68.76	10.12
核桃	0.47	0.31	0.02	79.04	53.28	4.32
杨树	2.64	1.21	0.12	15.10	6.92	0.66
刺槐	10.32	6.66	0.83	34.72	22.42	2.80
其他	12.10	9.18	1.52	136.14	103.26	17.08
合计				586.28	474.04	90.12

如表 4-9 所示，单位面积空气颗粒物（TSP、PM₁₀、PM₂.₅）滞纳量差异较大，其中，针叶树种中柏类 PM₂.₅ 滞纳量最大，是松类的 4.13 倍，是杨树的 43.33 倍。造林主要优势树种（组）滞纳颗粒物的总物质量，也均表现为针叶树种大于阔叶树种，其中侧柏和油松最大，这与造林面积和不同树种叶片表面特性及结构有关。研究表明，植物对于污染物的阻滞吸收是一个复杂的过程，尤其与叶片表面的湿润程度、表面结构、植物和污染物本身的性质等多种因素有关。叶表面特性的差异是导致植物滞留空气颗粒物能力不同的重要原因，针叶树种有较小的叶子和较复杂的枝茎，且叶面积指数较大，可以更有效地去除空气颗粒物，因此，针叶树种吸附颗粒物量大于阔叶树种（Hwang et al.，2011；王蕾等，2007）；本研究中侧柏叶片颗粒物附着密度最高，其次为松类，其原因与阔叶树种叶片表面比较光滑、缺少油脂和黏性，颗粒物不易附着有关；而针叶树种的叶片重叠率较高，叶群厚密，多糖及多糖衍生物的分泌物对颗粒物具有积极的滞纳作用。因此，柏树和松树等针叶树的颗粒物滞纳作用强于阔叶树种。

2. 2010～2012 年关中地区治污减霾功能物质量变化特征

2010～2012 年陕西关中地区 7 个研究区造林树种治污减霾功能物质量结果见表 4-10。

表 4-10　2010～2012 年关中地区造林种树治污减霾功能物质量

| 研究区 | 滞纳颗粒物 | | | 提供负离子/（×10²² 个/a） | 吸收气体污染物 | | | 固碳/（×10⁴t/a） | 释氧/（×10⁴t/a） |
	TSP/（×10⁴kg/a）	PM₁₀/（×10⁴kg/a）	PM₂.₅/（×10⁴kg/a）		二氧化硫/（×10⁴kg/a）	氟化物/（×10⁴kg/a）	氮氧化物/（×10⁴kg/a）		
咸阳	145.64	108.66	11.82	16.67	1266.81	16.88	43.77	5.48	8.68
渭南	136.44	99.06	15.64	13.11	819.18	15.26	35.10	4.22	6.39
铜川	133.14	112.04	9.56	7.38	643.54	7.94	20.08	2.80	4.61
西安	128.32	122.94	49.08	3.06	503.71	1.45	12.03	1.47	2.34
宝鸡	36.90	26.60	3.12	6.04	417.71	6.87	15.55	2.02	3.19
韩城	3.72	3.20	0.64	0.91	76.30	0.78	2.30	0.30	0.52
杨凌	2.02	1.52	0.26	0.16	5.92	0.17	0.40	0.04	0.06
合计	586.28	474.04	90.12	47.33	3733.17	49.35	129.23	16.33	25.79

就关中地区各研究区而言，造林树种颗粒物滞纳量差异较大（图 4-9）。

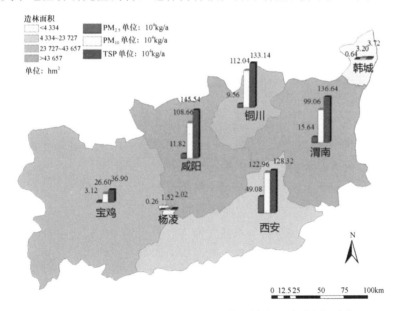

图 4-9　2010～2012 年各研究区营造林颗粒物滞纳量空间分布

从不同地区植被 $PM_{2.5}$ 滞纳量来看，西安市、渭南市和咸阳市分别位居前三，韩城市和杨凌区排最后两位，西安市植被 $PM_{2.5}$ 滞纳量是杨凌区植被的 188.77 倍。产生这种差异的主要原因，除了与不同市（区）造林树种面积有关，还与不同地区造林树种有关。在西安市、渭南市和咸阳市，捕获颗粒物能力较强的针叶树种（松类、柏类）造林面积较大，因此，这几个研究区造林地滞纳颗粒物的功能也较强。

提供负离子功能：如图 4-10 所示，其中咸阳市森林植被提供负离子量最大，是杨凌区的 104 倍。可能的原因有以下几个方面。首先，根据大地测量学和地理物理学国际联盟空气联合委员会的理论，不同地区的相对湿度会影响该地林分负离子浓度（赵雄伟等，2007）。咸阳市年平均降水量约为 463mm，相对湿度为 60%，杨凌区约为 350mm，相对湿度为 45%；由此看来，相对湿度较高的地区提供负离子能力较强。其次，负离子浓度与林分的密度呈显著正相关（$P<0.05$），密度较大的林分，降温保湿效果较好，单位面积内生物量较大，叶面积指数较高，从而有利于负离子的产生（秦俊等，2008）。由野外调查可知，咸阳市的林分密度绝大部分大于杨凌区的林分密度，这也是咸阳市提供负离子功能高于杨凌区的主要原因之一。最后，树高和胸径与负离子浓度呈负相关关系（周斌等，2011）。一方面，由于空气中的负离子一直处于动态平衡中，其寿命很短，只有几十秒至数分钟，因此不易在环境中积累（邵海荣等，2000）；另一方面，植物叶片光合作用是产生负离子的主要途径之一，但负离子在环境中的衰减距离仅为 20cm（吴志湘等，2007），因此，高大乔木在林冠处产生的大量负离子不易逾越数米距离扩散至地面，从而导致地面负离子浓度水平较低。虽然本研究中的林分绝大多数为幼龄林，但杨凌区树木的胸径和树高均大于咸阳市的，这可能会导致杨凌区乔木在林冠处产生的负离子不易扩散至地面，因此其提供负离子功能低于咸阳市。

吸收气体污染物功能（图 4-11 至图 4-13）：排在前三位的分别是咸阳市、渭南市和铜川市，较低的韩城市和杨凌区年吸收量均在 8.0×10^5kg 以下，年吸收量最大的咸阳市（1.3275×10^7kg）是最小的杨凌区（6.49×10^4kg）的 204.54 倍。这与各研究区造林地面积和树种类型有关。不同树种叶表面形态特征直接影响吸收污染物能力的高低，叶表面具有沟状组织或密集纤毛的树种吸收污染物能力较强，且其微形态结构越密集、深浅差别越大，越有利于吸收污染物；叶表面平滑的树种吸收污染物能力较弱（王蕾等，2006b），叶片有黏性的针叶树使污染物不易脱落；从各研究区造林树种种类来看，咸阳市、渭南市和铜川市虽也有阔叶树，但柏树和松树等针叶树种比例更大，可以吸附空气中大量的污染物；而韩城市和杨凌区树种主要以杨树、柳树和银杏等阔叶树种为主，阔叶树种叶片光滑，污染物不易被吸收，且银杏等树种本身就有"自清洁"特性（Neinhuis and Barthlott，1998），这使得杨凌区和韩城市的吸收污染物功能较低。

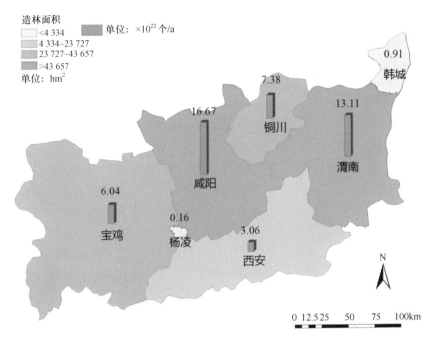

图 4-10　2010～2012 年各研究区营造林提供负离子量空间分布

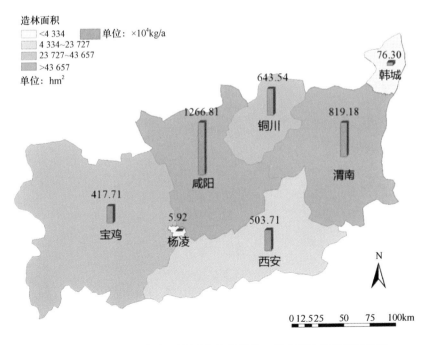

图 4-11　2010～2012 年各研究区营造林吸收二氧化硫物质量空间分布

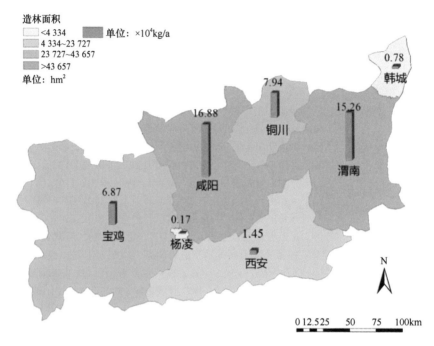

图 4-12　2010～2012 年各研究区营造林吸收氟化物物质量空间分布

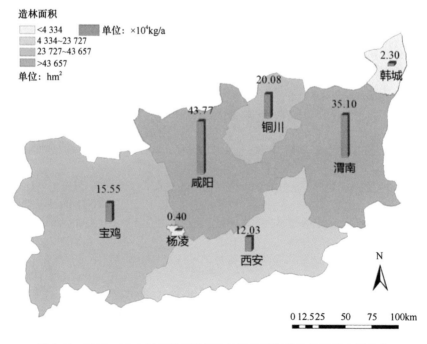

图 4-13　2010～2012 年各研究区营造林吸收氮氧化物物质量空间分布

固碳释氧功能（图 4-14，图 4-15）：其中，咸阳最高，其次为渭南、铜川、宝鸡、西安和韩城，杨凌最低。林分年固碳总量最高的咸阳市（$5.48×10^4$t/a）是最低的杨凌区（400t/a）的 137 倍，年释氧总量咸阳市（$8.68×10^4$t/a）是杨凌区（600t/a）的 144.67 倍。产生这种差异主要有两方面原因。第一，各研究区造林树种类型选择的差异，对于幼龄林，针叶树种林分净生产力比速生阔叶林树种林分低，在咸阳市和渭南市有大量柏树和松树等针叶树，而其拥有的阔叶树种比例和造林面积远大于韩城市和杨凌区等以阔叶树种为主的研究区，这使得咸阳市和渭南市的整体林分生产力大于韩城市和杨凌区，因而造成咸阳市和渭南市等地的固碳释氧量较大。第二，不同研究区水热条件差异大。咸阳市年降雨量约为 463mm，渭南市为 570mm，而杨凌区仅为 350mm。这使得降水量较高的研究区的林分净生产力也较高，因此，咸阳市和渭南市等地的固碳释氧量明显高于杨凌等地区。

4.4.2　关中地区 2013～2015 年造林规划治污减霾功能研究

根据陕西省林业厅提供的 2013～2015 年关中地区"百万亩森林"造林规划方案，结合 2010～2012 年已实施造林工程的治污减霾功能核算方法，综合测算了 2013～2015 年关中地区各造林树种治污减霾功能的物质量。

1. 2013～2015 年主要优势树种（组）治污减霾功能物质量

各主要优势树种（组）治污减霾功能物质量研究结果见表 4-11。

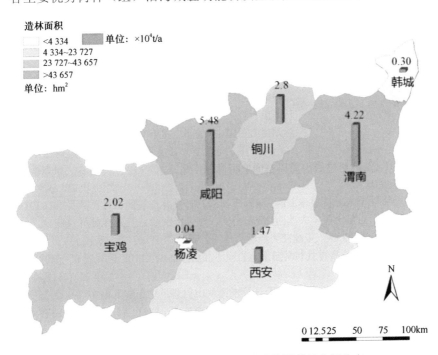

图 4-14　2010～2012 年各研究区营造林固碳量空间分布

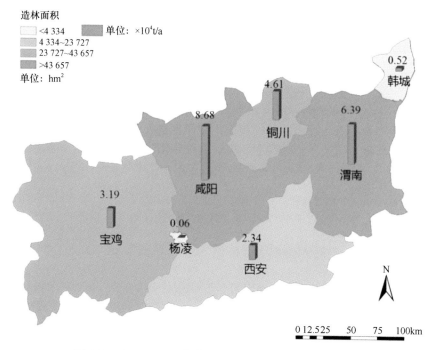

图 4-15　2010～2012 年各研究区营造林释氧量空间分布

表 4-11　2013～2015 年主要优势树种（组）治污减霾功能物质量

优势树种（组）	滞纳颗粒物			提供负离子/（×10²² 个/a）	吸收气体污染物			固碳/（×10⁴t/a）	释氧/（×10⁴t/a）
	TSP/（×10⁴kg/a）	PM$_{10}$/（×10⁴kg/a）	PM$_{2.5}$/（×10⁴kg/a）		二氧化硫/（×10⁴kg/a）	氟化物/（×10⁴kg/a）	氮氧化物/（×10⁴kg/a）		
杨树	49.20	40.16	5.92	3.59	106.38	5.58	6.00	1.22	2.48
松树	33.32	31.72	6.30	3.16	402.45	0.93	11.20	0.78	0.87
柏树	10.50	7.08	0.58	1.43	186.85	0.43	4.33	0.53	0.86
核桃	6.08	4.56	0.18	1.24	71.29	1.57	2.81	1.50	3.39
刺槐	2.02	1.30	0.16	0.29	11.82	0.62	0.67	0.14	0.30
其他	37.04	21.84	1.96	2.5	163.6	4.22	7.72	2.88	6.33
合计	138.16	106.66	15.10	12.21	942.39	13.35	32.73	7.05	14.23

2. 2013～2015 年各研究区森林治污减霾功能物质量

年滞纳空气颗粒物功能：如表 4-12 和图 4-16 所示，森林滞纳 TSP、PM$_{10}$ 和 PM$_{2.5}$ 量均表现为，渭南市、咸阳市和宝鸡市位居前三，韩城市和杨凌区排最后两位。以 TSP 和 PM$_{2.5}$ 为例，渭南市分别是杨凌区的 97.39 倍和 101 倍。其原因在于各研究区树种类型不同，渭南市以滞纳颗粒物量较大的针叶树种为主，而杨凌区针叶树种较少，故其空气颗粒物滞纳量较低。

表 4-12　2013～2015 年各研究区森林治污减霾功能物质量

研究区	滞纳颗粒物			提供负离子/（×10^22 个/a）	吸收气体污染物			固碳/（×10^4 t/a）	释氧/（×10^4 t/a）
	TSP/（×10^4 kg/a）	PM_{10}/（×10^4 kg/a）	PM_{2.5}/（×10^4 kg/a）		二氧化硫/（×10^4 kg/a）	氟化物/（×10^4 kg/a）	氮氧化物/（×10^4 kg/a）		
咸阳	33.38	25.68	3.64	2.94	226.88	3.22	7.88	1.70	3.42
渭南	74.02	57.02	8.08	6.53	503.71	7.13	17.5	3.76	7.61
铜川	1.84	1.42	0.20	0.16	12.49	0.18	0.43	0.09	0.19
西安	13.46	10.46	1.48	1.20	92.93	1.32	3.23	0.70	1.40
宝鸡	13.54	10.60	1.50	1.21	93.34	1.32	3.24	0.70	1.41
韩城	1.16	0.90	0.12	0.10	7.85	0.11	0.27	0.06	0.12
杨凌	0.76	0.58	0.08	0.07	5.19	0.07	0.18	0.04	0.08
合计	138.16	106.66	15.10	12.21	942.39	13.35	32.73	7.05	14.23

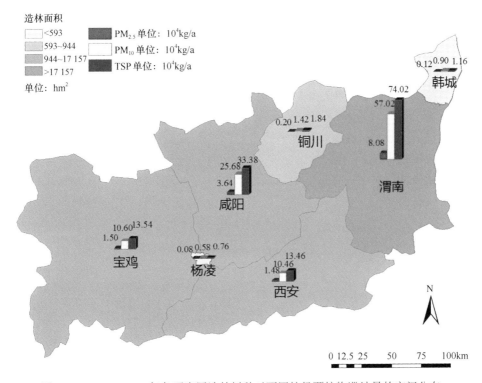

图 4-16　2013～2015 年各研究区造林树种对不同粒径颗粒物滞纳量的空间分布

提供负离子功能：从表 4-12 和图 4-17 可以看出，渭南市、咸阳市和宝鸡市森林年均提供负离子量位居前三，韩城市和杨凌区最小。其中，提供负离子量最多的渭南市是最小的杨凌区的 93.29 倍，这与各研究区造林树种和面积有关。渭南市等地区柏树面积大，而位于高海拔的柏树提供负离子较多；杨凌区等地柏树较少，面积也较小，故提供负离子量低于渭南市等地。

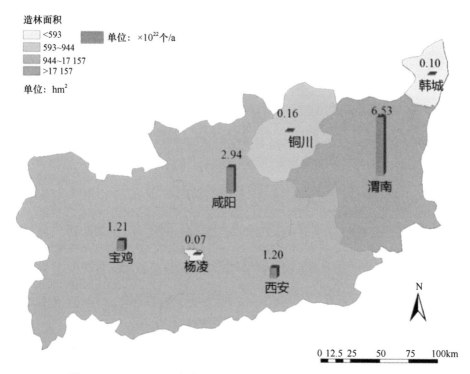

图 4-17　2013～2015 年各研究区造林树种提供负离子量空间分布

吸收气体污染物功能：由图 4-18 至图 4-20 可知，渭南市吸收总量最大（5.2834×10⁶kg/a）；咸阳市和宝鸡市分别位列第二位和第三位，其吸收污染物量分别为 2.3799×10⁶kg/a 和 9.790×10⁵kg/a；韩城市和杨凌区吸收污染物量最小，其吸收量分别为 8.23×10⁴kg/a 和 5.44×10⁴kg/a；其中，吸收污染物量最大的渭南市是吸收量最小的杨凌区的 97.13 倍。究其原因，主要与各研究区造林树种类型和污染物排放量有关。

固碳释氧功能：由图 4-21 和图 4-22 可知，固碳和释氧功能最大的是渭南市，咸阳市和宝鸡市分别位列第二、第三位，韩城市和杨凌区排最后两位。这与造林面积、树种类型及气候因素密切相关。

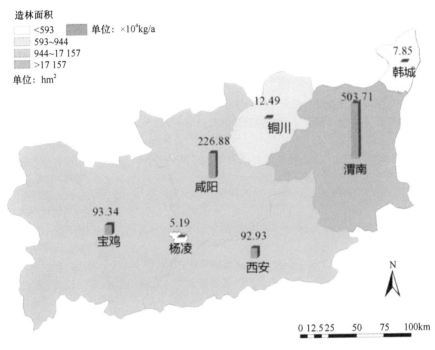

图 4-18 　2013～2015 年各研究区造林树种吸收二氧化硫物质量空间分布

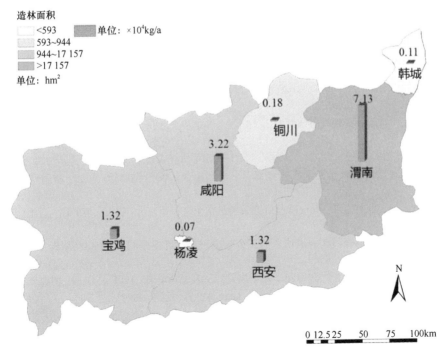

图 4-19 　2013～2015 各研究区造林树种吸收氟化物物质量空间分布

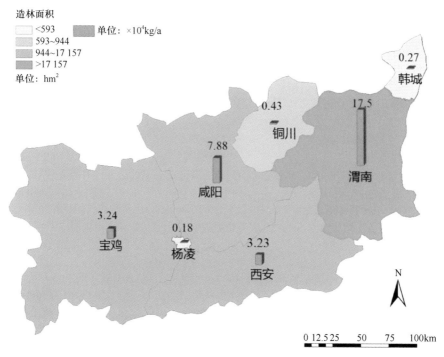

图 4-20　2013～2015 各研究区造林树种吸收氮氧化物物质量空间分布

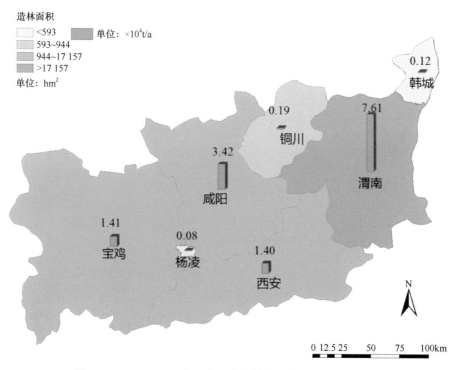

图 4-21　2013～2015 各研究区造林树种固碳物质量空间分布

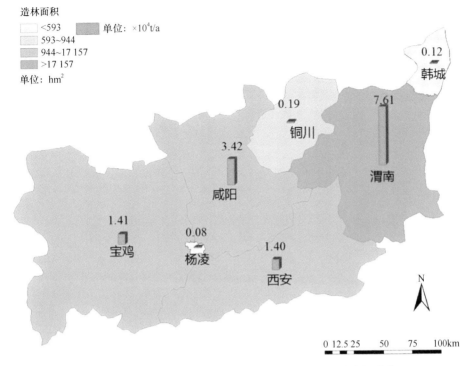

图 4-22 2013～2015 年各研究区造林树种释氧物质量空间分布

4.4.3 结论

1. 陕西关中地区造林工程森林治污减霾功能特征

2010～2015 年陕西关中地区造林工程治污减霾功能研究结果见表 4-13 和图 4-23。截至 2015 年，在不考虑森林砍伐等森林损失的情况下，2010～2015 年造林工程治污减霾功能的比例占 3.59%～25.01%，其中新造林颗粒物滞纳功能的贡献显著，$PM_{2.5}$ 滞纳量的比例占 25.57%。

表 4-13 2010～2015 年造林工程治污减霾功能物质量

研究区	滞纳空气颗粒物			提供负离子/（$×10^{22}$ 个/a）	吸收气体污染物			固碳/（$×10^4$t/a）	释氧/（$×10^4$t/a）
	TSP/（$×10^4$kg/a）	PM_{10}/（$×10^4$kg/a）	$PM_{2.5}$/（$×10^4$kg/a）		二氧化硫/（$×10^4$kg/a）	氟化物/（$×10^4$kg/a）	氮氧化物/（$×10^4$kg/a）		
咸阳	178.92	134.34	15.46	19.61	1493.69	20.10	51.65	7.18	12.10
渭南	210.66	156.08	23.72	19.64	1322.89	22.39	52.60	7.98	14.00
铜川	134.98	113.46	9.76	7.54	656.03	8.12	20.51	2.89	4.80
西安	141.78	133.42	50.56	4.26	596.64	2.77	15.26	2.17	3.74
宝鸡	50.44	37.20	4.62	7.25	511.05	8.19	18.79	2.74	4.60
韩城	4.88	4.10	0.76	1.01	84.15	0.89	2.57	0.37	0.64
杨凌	2.78	2.10	0.34	0.23	11.11	0.24	0.58	0.08	0.14
合计	724.44	580.70	105.22	59.54	4675.56	62.70	161.96	23.41	40.02

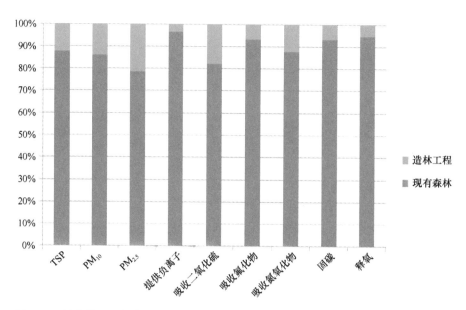

图4-23 关中地区现有森林和造林工程治污减霾功能物质量分布（2010～2015年）

2. 陕西关中地区造林工程对工业排放污染物的影响

关中地区各研究区年排放污染物和 2010～2015 年造林树种年吸收污染物量之间的关系见表4-14。可以看出，2010～2015 年新造林对二氧化硫的年吸收量可以抵消同期关中地区工业二氧化硫排放量。铜川市植物吸收二氧化硫量占工业排放量的比例最高，占铜川市工业排放总量的36.25%，表明铜川市实施的新造林工程对工业排放二氧化硫具有很强的缓解作用。渭南市和西安市植物吸收二氧化硫的量占工业排放量较低，分别仅为5.03%和7.18%。

表 4-14 不同研究区排放的污染物与植被吸收污染物之间的关系

研究区	二氧化硫			氮氧化物			空气颗粒物		
	工业排放 /（t/a）	植物吸收 /（t/a）	百分比 /%	工业排放 /（t/a）	植物吸收 /（t/a）	百分比 /%	工业排放 /（t/a）	植物吸收 /（t/a）	百分比 /%
西安	83 072.91	5 966.40	7.18	41 862.71	152.60	0.36	17 462.59	1 789.20	10.25
铜川	18 098.57	6 560.30	36.25	52 807.41	205.10	0.39	41 582.75	2 106.60	5.07
宝鸡	30 543.78	5 110.50	16.73	57 569.25	187.90	0.33	13 743.13	1 349.80	9.82
咸阳	67 258.10	14 936.90	22.21	81 879.84	516.50	0.63	15 683.96	1 417.80	9.04
渭南	263 224.64	13 228.90	5.03	165 187.79	551.70	0.33	36 346.32	532.2	1.46
杨凌	489.10	111.10	22.72	142.28	5.80	4.08	183.74	48.80	26.56

注：工业排放污染物和颗粒物数据引自 2013 年《陕西省统计年鉴》

固碳功能方面，统计数据显示，2012 年陕西省能源消费总量为 $1.1×10^8t$ 标准煤，标准煤与二氧化碳之间的转换比例为 1∶2.6，则陕西省能源消耗相当于释放二氧化碳 $2.86×10^8t$。本研究关中地区 2010～2015 年造林年固碳量为 $2.341×10^5t/a$，合计能够抵消陕西省 2012 年能源消耗所排放的二氧化碳总量的 0.30%。

4.5 陕西关中地区造林建议

根据关中地区各市（区）2016～2017 年植树造林计划，结合该地区空气污染物排放吸收状况、不同树种对空气污染物和颗粒物吸滞作用、城市用地对造林模式的不同要求及适地适树原则，参考了《中国植物志：陕西省名录》（http：//frps.eflora.cn/sheng），以及周斌等（2011）、韩培培（2010）、齐飞燕等（2009）、王雷（2006a）和刘西俊等（1979）的相关研究资料，综合分析 2016 年以后关中地区造林树种的选择方案见表 4-15。

表 4-15　关中地区造林树种选择建议

研究区	树种选择建议				面积/亩
	工业区造林	城市街道 交通造林	生活区造林	乡村造林	
咸阳	刺槐、杨树、樟子松、油松等	圆柏、侧柏、悬铃木、榆树、刺槐、大叶黄杨、槭树等	柿子、玉兰、雪松、榆树、大叶黄杨、大叶女贞、海棠等	花椒、核桃、石榴、枣树、猕猴桃、葡萄、杏等	72 000
渭南	侧柏、圆柏、桑树、玉兰、大叶黄杨等	侧柏、圆柏、油松、悬铃木、榆树、刺槐、大叶黄杨、槭树等	侧柏、圆柏、油松、石楠、雪松、大叶黄杨、樟子松、丁香等	核桃、文冠果、板栗等	144 000
铜川	侧柏、圆柏、油松、大叶黄杨等	侧柏、圆柏、油松、悬铃木、榆树、刺槐、大叶黄杨、槭树等	侧柏、圆柏、石楠、油松、雪松、石楠等	侧柏、圆柏、油松、核桃、板栗等	369 600
西安	侧柏、圆柏、桑树、杜英、大叶黄杨、大叶女贞等	侧柏、圆柏、悬铃木、榆树、刺槐、大叶黄杨、槭树、油松等	侧柏、圆柏、柿子、玉兰、榆树、大叶黄杨、大叶女贞、海棠、杜英、榆叶梅等	油松、刺槐、核桃、枣树、柿子等	105 600
宝鸡	刺槐、杨树、侧柏、圆柏等	悬铃木、榆树、刺槐、大叶黄杨、槭树等	石楠、柿子、玉兰、榆树、大叶黄杨、大叶女贞、海棠、杜英、榆叶梅等	板栗、核桃、柿子、杏等	348 000
韩城	侧柏、圆柏、桑树、玉兰、大叶黄杨等	油松、悬铃木、榆树、刺槐、大叶黄、杨槭树等	侧柏、圆柏、油松、石楠、雪松、大叶黄杨、樟子松等	核桃、文冠果、板栗等	4 800
杨凌	桑树、玉兰、杜英、大叶黄杨等	悬铃木、榆树、刺槐、大叶黄杨、槭树等	石楠、柿子、玉兰、榆树、大叶黄杨、大叶女贞、海棠、杜英、榆叶梅等	枣树、核桃、板栗、苹果、杏等	156 000

4.6 讨　　论

陕西关中地区人口密度较大，经济发展速度较快，且以第二产业为主，汽车以民用轿车为主，工厂排放的废气和汽车尾气成为空气污染物的主要来源。污染物排放量大，空气环境污染严重，已经严重危害了居民的身体健康。以西安为中心的陕西关中城市群大气污染严重。如何有效地减少空气污染物，特别是空气颗粒物，提高生态环境质量已成为该地区制约社会发展的瓶颈。通过测算可知，森林能够在一定程度上有效地滞纳空气颗粒物、吸收污染物、提供负离子、固碳、释氧等，虽然不能从根源上解决这个问题，但是森林对空气污染物的防治已被认为是当下最普遍、最广泛、最有效的手段。

因此，通过对陕西关中地区森林治污减霾功能的分布式测算及研究，能够为该地区的造林规划提供翔实的数据支撑，尤其在选择造林树种方面意义巨大，从而为社会发展和居民生活营造一个优良舒适的环境。

第 5 章　北京市森林治污减霾功能研究

5.1　北京市概况

5.1.1　自然地理概况

北京市位于华北平原北部（N39°56′，E116°20′），毗邻渤海湾，西部是太行山脉余脉西山，北部是燕山山脉军都山，地势西高东低。全市土地面积 16 410.54km²，其中，平原面积（6339km²）占 38.6%，山区面积（10 072km²）占 61.4%（图 5-1）。

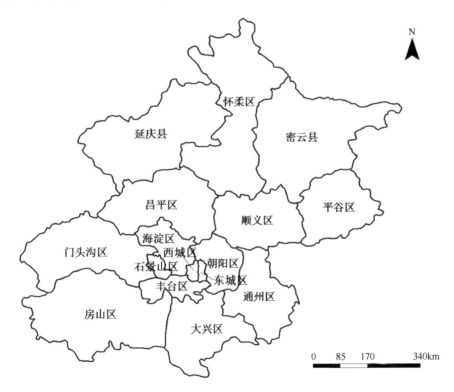

图 5-1　北京市行政区划示意图

北京市地处中纬度地带，具有典型的暖温带半湿润大陆性季风气候，春季气温回升快，干旱多风；夏季炎热多雨，水热同季；秋季天高气爽，光足雨少；冬季寒冷干燥，多风少雪。地势从西北向东南倾斜，年平均气温由平原向山区逐渐降低，长城是北京市年平均气温分布的一个界限；平原地区无霜期为 190～195d，随着海拔的增加,无霜冻期逐渐减少;年降水量 630mm 左右,主要集中在夏季,占全年降水量的 70%以上;受地形影响,风的季节变化较为明显,冬季盛行偏北风,夏季多偏南风,冬季风大,夏季风小。

北京市地貌景观总体是西北高、东南低,地势垂直高差大(图 5-2)。西部、北部及东北部三面环山,东南部是向渤海缓倾的平原。全市山地属太行山余脉和燕山山脉;其中西山属于太行山余脉,北部和东北部的军都山,属于燕山山脉。平均海拔 43.5m,山地海拔 1000~1500m,最高峰东灵山位于西北部,海拔为2309m;平原海拔为 20~60m。

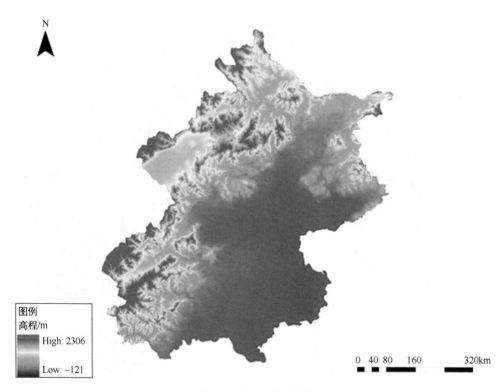

图 5-2　北京市高程图

受地带性和垂直带性因素的影响,同时又受地貌和水热条件的影响,北京市土壤类型从山地到平原分为山地草甸土、山地棕壤、褐土、潮土、沼泽土、水稻土和风沙土等。山地草甸土一般分布在海拔 1500m 以上的山顶、平缓山或山顶局部的洼地,山地棕壤一般分布在海拔 800m 以上,花岗岩母质则分布在海拔 400~500m 的阴坡,山地褐色土多分布在海拔 800m 以下。

北京市 2012 年土地利用类型如图 5-3 所示(2014 年《北京市统计年鉴》)。土地面积 1 680 780hm²,其中林地面积占 46.05%;林地和城镇用地是北京市的主要用地类型,占总土地类型的 64.59%;而其他用地类型所占的比例较少。韩会然等

（2015）的研究表明，在 1985～2010 年，北京市土地利用空间格局发生了较大变化，其中林地面积变化较为平稳，有一定程度的增加，耕地面积、水域面积减少较为迅速，建设用地变化最为明显。

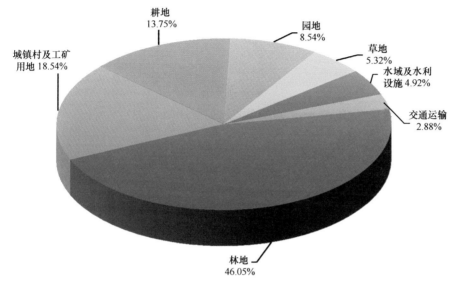

图 5-3　北京市 2012 土地利用类型图

5.1.2　社会经济状况

北京市管辖 16 个区县，其中，城区 2 个（西城、东城），近郊区 4 个（朝阳、海淀、丰台、石景山），远郊区县 10 个（平谷、密云、怀柔、延庆、昌平、门头沟、房山、大兴、通州、顺义）。2013 年全市常住人口 2114.80 万人，工业总产值 $19\,500.60\times10^8$ 元（图 5-4），其中第一产业 161.80×10^8 元，第二产业 4352.3×10^8 元，第三产业 $14\,986.5\times10^8$ 元。截至 2013 年，北京市机动车辆拥有 543.70×10^4 辆，平均每 4 人拥有 1 辆汽车，其中私家车辆 426.50×10^4 辆，占总机动车辆的 78.44%。城市化和经济发展程度较高，导致了北京市空气中主要污染物来源于第三产业及汽车尾气排放（杨勇杰等，2008；王淑兰等，2002）。

5.1.3　环境质量概况

近年来，北京市为了治理环境污染，通过节能减排措施逐年减少空气污染物排放量，2012 年和 2013 年北京市主要污染物排放量见表 5-1。2013 年北京市二氧化硫总排放量为 87 042t，同比 2012 年减少了 7.25%，其中工业二氧化硫排放量为 52 041t，减少了 12.29%；2013 年氮氧化物排放量为 166 329t，同比 2012 年减

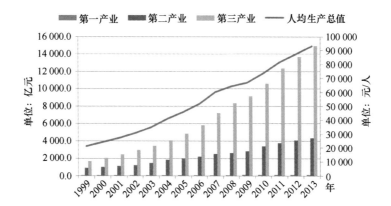

图 5-4　1999～2013 年北京市 GDP 与人均生产总值变化情况（引自 2014 年《北京市统计年鉴》）

少了 6.29%，其中工业排放 75 297t，减少了 11.76%；2013 年烟（粉）尘排放量为 59 286t，同比 2012 年减少了 11.29%，其中工业排放 27 182t，减少了 11.87%（表 5-1）（引自《北京市环境保护公告》）。

表 5-1　北京市主要污染物排放量

项目	2013 年/t	2012 年/t	2013 年占 2012 年百分比/%
二氧化硫排放量	87 042	93 849	92.75
工业二氧化硫排放量	52 041	59 330	87.71
氮氧化物排放量	166 329	177 495	93.71
工业氮氧化物排放量	75 297	85 331	88.24
烟（粉）尘排放量	59 286	66 829	88.71
工业烟（粉）尘排放量	27 182	30 844	88.13

注：引自 2014 年《北京市统计年鉴》

　　北京市通过节能减排措施逐渐降低了污染物的排放量，空气中总体污染物浓度变化趋势也是逐渐降低的。但是，根据 2014 年北京市环保局的环境质量年报可知，北京市 $PM_{2.5}$ 年平均值为 88.64μg/m³，超过国家标准（35μg/m³）1.53 倍；二氧化硫年平均浓度值为 21.68μg/m³，仅达到国家二级标准；二氧化氮年平均值为 53.13μg/m³，超过国家标准 42%；可吸入颗粒物（PM_{10}）年平均浓度值为 116.21μg/m³，超过国家标准（70μg/m³）65%（表 5-2）。总之，北京市空气中主要污染物，除二氧化硫外，其他污染物浓度均超出国家标准（表 5-2）。这表明北京市环境治理尤其是空气环境的治理不是一朝一夕的，需要长久的保持和治理（刘倩，2015）。

表 5-2　2014 年北京市各区县主要污染物年平均浓度　　单位：μg/m³

区县	PM₂.₅	PM₁₀	二氧化硫	二氧化氮
东城区	86.30	114.40	22.20	56.40
西城区	88.40	115.20	23.10	63.00
朝阳区	88.40	124.00	23.40	62.80
海淀区	89.50	127.00	25.10	66.90
丰台区	95.00	127.70	23.10	58.00
石景山区	89.20	131.00	20.50	62.30
门头沟区	84.30	119.50	18.10	48.90
房山区	100.80	135.00	19.70	61.70
通州区	105.90	136.90	28.80	60.50
顺义区	84.00	107.20	17.60	45.70
大兴区	104.40	131.40	27.10	62.60
昌平区	79.30	103.20	21.20	45.70
平谷区	83.20	102.60	20.10	38.30
怀柔区	76.40	96.70	17.90	37.50
密云县	73.00	93.60	18.30	40.20
延庆县	74.80	87.10	18.10	35.80
北京经济技术开发区	104.00	123.00	24.20	56.90
北京市年平均值	88.64	116.21	21.68	53.13

注：引自 2014 年《北京市统计年鉴》

5.2　北京市森林资源概况

5.2.1　造林工程

目前，北京市城市绿化覆盖率仅为 45%，与东京、伦敦、纽约等同类国际性城市 70%的水平相差甚远（陈菲冰等，2007）。近年来，为了治理北京市空气环境，北京市启动了百万亩造林建设项目，即从 2012 年开始，在未来的 3～4 年，投入 500 亿元资金，建设百万亩平原河湖森林景观。到目前为止，已累计造林 103 万亩，环绕城市形成万亩以上大型森林区域 30 多处，极大地提升了平原区森林生态服务功能和宜居水平。目前百万亩造林树种的选择见表 5-3。

5.2.2　现有森林资源概况

从植被现状可以看出，北京市主要植被可分为山地植被和平原植被。山地植被按照垂直分布可分为低山落叶阔叶乔灌丛和灌草丛带、中山下部松栎林带、中山上部桦树林带和山顶草甸带 4 个植被带。因山地坡向不同引起的阴阳坡水热条

表 5-3　北京市平原百万亩造林主要树种

类型	推荐植物
常绿乔木（5 种）	油松、白皮松、华山松、桧柏、侧柏
落叶乔木（21 种）	国槐、杨树（♂）、柳树（♂）、榆树、刺槐、栾树、元宝枫、银杏、白蜡、金叶榆、椿树、桑树、丝棉木、楸树、皂荚、合欢、柿树、杜梨、构树、梓树、栎类
亚乔木（7 种）	海棠类、黄栌、紫叶李、文冠果、山杏、丁香类、桃类
灌木（18 种）	沙地柏、紫穗槐、木槿、金银木、沙棘、珍珠梅、榆叶梅、月季类、太平花、紫荆、紫薇、红瑞木、黄杨、胡枝子、牡丹、猬实、柽柳、枸杞
地被（15 种）	马蔺、鸢尾、萱草类、麦冬、黑麦草、野牛草、瞿麦（巨麦）、紫花苜蓿、二月兰、菊类、板蓝根、玉簪、景天、地锦、小冠花

件差异是山地植被分布的重要影响因素。平原区植被多乔木林，且人工林居多，如油松林、柏木林、栾树林、杨树、槐树林等。

北京市林地面积 $1.0146×10^6hm^2$，占土地总面积的 61.83%。全市森林面积 $5.206×10^5hm^2$，森林覆盖率 31.72%；活立木总蓄积 $1.2913×10^7m^3$，森林蓄积 $1.0386×10^7m^3$。在全市森林面积中，乔木林面积 $5.172×10^5hm^2$，灌木林面积 $3400hm^2$。天然乔木林面积 $1.632×10^5hm^2$，蓄积 $4.6696×10^6m^3$；人工乔木林面积 $3.540×10^5hm^2$，蓄积 $5.7162×10^6m^3$。

乔木林按林龄划分，不同林龄面积及蓄积量见表 5-4（数据来源于北京市第七次森林资源连续清查），其中幼、中龄林所占比例较大。

表 5-4　乔木林不同林龄面积、蓄积量及所占比例

林龄	面积/×10^4hm^2	占总面积百分比/%	蓄积量/×10^4m^2	占总蓄积量百分比/%
幼龄林	27.41	53.00	321.61	30.97
中龄林	11.73	22.68	309.74	29.82
近熟林	2.69	5.20	159.44	15.35
成熟林	7.26	14.04	177.88	17.13
过熟林	2.63	5.08	69.91	6.73
总计	51.72	100	1038.54	100

5.3　北京市森林治污减霾功能研究

本节针对北京市平原百万亩造林工程树种和现有森林植被治污减霾功能进行对比研究，主要内容包括不同树种在不同林龄阶段及不同季节吸收污染物的能力。

5.3.1　北京市百万亩造林工程减霾功能研究

《北京市 2013～2017 年清洁空气行动计划》指出，为了进一步加快改善首都空气质量，绿化美化城市建设，全市应加强植树造林，增加森林资源总量，

提高森林建设质量，到 2017 年，使全市林木绿化达到 60%以上。在平原地区，2016 年底完成百万亩造林工程，同时加大荒滩荒地、拆迁腾退地和废弃坑塘的治理力度，从源头上减少沙尘污染；在城区，坚持规划建绿，提高绿色植被覆盖率。为积极推进该项工作，自 2012 年起，北京市以治理细颗粒物（PM$_{2.5}$）污染为重点，启动了平原区造林工程，规划利用 5 年时间在平原地区营造城市森林百万亩。

为了进一步评估森林治污减霾功能，主要针对北京市百万亩造林工程树种的净化大气环境功能进行研究，其单位叶面积和单位林分面积滞纳 TSP、PM$_{10}$ 和 PM$_{2.5}$ 的量见表 5-5。结果表明，针叶树种吸滞颗粒物能力高于阔叶树种，而针叶树种又以柏类和松类滞纳量最高；阔叶树种中，栎类、枫树和柳树滞纳能力较强，其次为银杏、丁香、梓树、金银木等树种。

表 5-5　北京市平原区主要造林树种滞纳颗粒物能力

树种	单位叶面积颗粒物滞纳量/（μg/cm^2)			单位公顷颗粒物滞纳量/[kg/（hm^2·a）]		
	TSP	PM$_{10}$	PM$_{2.5}$	TSP	PM$_{10}$	PM$_{2.5}$
油松	41.20	2.48	1.09	7.73	4.64	2.04
柏木	39.90	2.08	0.83	6.10	3.18	1.27
槐树	31.90	2.72	0.71	6.83	5.83	1.52
白皮松	30.50	2.22	0.69	5.12	3.73	1.16
山杏	25.10	1.63	0.64	3.35	2.18	0.86
栎类	23.50	1.13	0.69	3.56	1.71	1.05
栾树	22.80	1.13	0.72	2.94	1.46	0.93
桦木	22.80	1.13	0.72	4.61	2.28	1.46
杨树	19.70	0.59	0.36	2.96	2.62	1.42
椴树	17.80	0.79	0.43	2.96	1.32	0.72
元宝枫	15.50	0.78	0.22	1.81	0.91	0.26
银杏	14.30	0.92	0.17	1.37	0.88	0.16
金银木	12.40	1.12	0.25	1.00	0.91	0.2
梓树	10.30	0.69	0.14	1.59	1.07	0.22
丁香	0.95	0.49	0.14	0.64	0.64	0.64
其他树种	36.30	2.96	0.52	5.22	4.27	0.74

注：其他树种包括胡桃楸、水胡黄、柳树、杉类等针阔树种

针叶树种叶片滞纳颗粒物能力高于阔叶树种，这主要与叶片特性有关。例如，针叶树种叶片气孔密度大，分泌的油脂较多，纹理较厚，这些因素均有利于针叶滞纳空气中的颗粒物。在阔叶树种中，滞纳能力较强的栾树、柳树和栎树等叶片

表面有较多绒毛,蜡质层也较厚,叶片表面亲水性较好(Wang *et al.*, 2013; Neinhuis and Barthlott, 1998),因此空气颗粒物容易附着在叶片表面;然而,银杏、毛白杨等阔叶树种,叶片表面光滑,纹理较浅且粗糙度低,导致叶片表面亲水性较差,水分不容易在叶片表面停留而产生"莲花效应"(Neinhuis and Barthlott, 1998),致使叶片表面不容易滞纳空气中颗粒物,或者叶片滞纳的颗粒物容易被水分清洗掉,使叶片具有较高的"自清洁"功能。

除了叶片结构的影响,树种滞纳颗粒物能力还受到周围环境和季节的影响(图 5-5)。在叶片生长季期间,不同树种其叶片滞纳空气颗粒物的能力会出现显著变化,如针叶树种油松和白皮松对 TSP 的滞纳量表现为先降低后增加,呈现"U"形

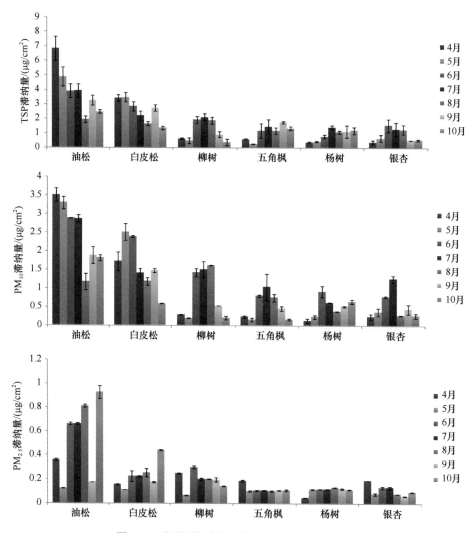

图 5-5 不同树种叶片滞纳能力随时间变化情况

格局，即 4～5 月最大，7～8 月最小，10 月之后又逐渐增大；阔叶树种则在 4～5 月滞纳量较小，7～8 月达到最大，随后逐渐降低，呈现"反 U"形格局。另外，供试树种对 PM_{10} 的滞纳能力格局与 TSP 的表现基本一致。但是，不同树种叶片对 $PM_{2.5}$ 的滞纳能力随季节的变化格局比较复杂。例如，针叶树种油松和白皮松对 $PM_{2.5}$ 滞纳能力的季节性变化较大，10 月滞纳能力达到最大[油松，（0.93±0.054）$\mu g/cm^2$；白皮松，（0.44±0.032）$\mu g/cm^2$]，5 月滞纳能力最小[油松，（0.12±0.002）$\mu g/cm^2$；白皮松，（0.11±0.001）$\mu g/cm^2$]。导致这种变化的原因可能与不同季节的气候条件有关，5～6 月北京大风天气较多，受风的影响，滞纳在叶片表面的 $PM_{2.5}$ 易于脱离叶片，导致叶片滞纳颗粒物能力比较小；而 8 月，北京降雨较多，叶片滞纳的 $PM_{2.5}$ 易于受到雨水冲洗，使得叶片滞纳颗粒物量减少。阔叶树种除了展叶期，其他时期叶片对 $PM_{2.5}$ 滞纳能力的变化不显著。

5.3.2 北京市现有森林治污减霾功能研究

北京市森林植被主要分为两部分：一是山区森林，面积约为 691 113.09hm^2（占全市林地面积的 85.6%）；二是平原森林，面积约为 112 962.8hm^2（占全市林地面积的 14.4%）。主要的优势树种（组）有油松、柏木、杨树、栎类、槐树、桦木和经济树种（图 5-6）。平原区森林资源面积所占比例虽然较小，但对区域防风固沙、农田防护及改善北京市环境质量起着关键的作用。因此，我们在加强山区森林保护的同时，也要加强平原区森林经营和抚育工作。

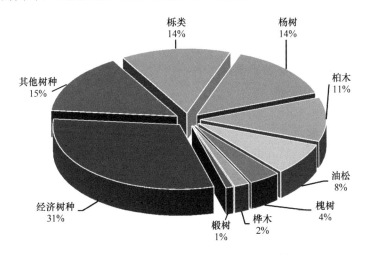

图 5-6 北京市优势树种（组）面积比例

北京市主要优势树种（组）多为幼龄林和中龄林，分别占全市森林面积的 53% 和 23%，而成熟林和过熟林较少，二者只占全市森林面积的 24%，且仅在北部山区分布。由于树冠形状、叶面积指数、叶龄、叶片表面结构等差异，不同树种在不同林龄阶段单位面积滞尘能力显著不同。针叶树种中，柏类各林龄阶段滞纳颗粒物能力均较强，松类次之；阔叶树种中，刺槐、国槐和枫树等滞纳颗粒物能力较强，栎类和桦树滞纳能力较差。根据 Kajetan 等（2011）的研究结果，造成这种现象的主要原因与不同树种叶片表面结构（绒毛长短、气孔密度、蜡质层、纹理深度和粗糙度）有关。

对于同一个树种，在不同林龄阶段，其滞纳空气颗粒物能力也存在着显著差异（表 5-6）。针叶树种滞尘能力为：成熟林、过熟林>中龄林、近熟林>幼龄林，而阔叶树种滞尘能力为：中龄林、近熟林>成熟林、过熟林>幼龄林，主要与不同林龄树种叶面积指数有关。北京市阔叶树种多为速生树种，林龄在 10~20 年时林分结构和冠层结构达到稳定，即阔叶树种在中龄林、近熟林时，林冠层已郁闭，叶面积指数达到最大，而在成熟林、过熟林时，由于阔叶树种的更新和演替，种间竞争激烈，导致林中出现林窗，树木枯死，多样性指数和叶面积指数下降，致使成熟林、过熟林的滞尘能力小于中龄林、近熟林；然而，幼龄林阶段树木个体较小，林冠层还没有郁闭，林间空隙较大，叶面积指数较低，因而滞尘能力也相对较低。

表 5-6　北京市主要树种（组）不同林龄单位公顷颗粒物滞纳量　　单位：kg/（hm²·a）

优势树种（组）	幼龄林				中龄林、近熟林				成熟林、过熟林			
	TSP	PM_{10}	$PM_{2.5}$	$PM_{1.0}$	TSP	PM_{10}	$PM_{2.5}$	$PM_{1.0}$	TSP	PM_{10}	$PM_{2.5}$	$PM_{1.0}$
油松	7.73	4.64	2.04	0.26	26.02	15.63	6.88	0.88	30.96	18.60	8.19	1.05
槐树	6.83	5.83	1.52	0.19	21.79	18.60	4.86	0.62	22.32	19.04	4.97	0.63
柏木	6.10	3.18	1.27	0.37	23.33	12.15	4.84	1.42	29.79	15.51	6.19	1.82
经济树种	4.97	3.23	1.27	0.15	12.08	7.85	3.10	0.37	10.84	7.04	2.78	0.33
桦木	4.61	2.28	1.46	0.14	7.92	3.92	2.51	0.24	7.54	3.74	2.39	0.23
栎类	3.56	1.71	1.05	0.14	9.69	4.66	2.85	0.37	8.92	4.29	2.62	0.34
椴树	2.96	1.32	0.72	0.05	5.93	2.63	1.43	0.10	6.84	3.03	1.65	0.12
杨树	2.96	0.89	0.54	0.12	9.23	2.77	1.69	0.39	10.53	3.16	1.93	0.44
其他树种	4.24	3.47	0.60	0.14	12.35	10.09	1.76	0.39	16.38	13.37	2.33	0.51

注：经济树种包括苹果、梨、桃、杏、板栗和柿子等；其他树种包括胡桃楸、水胡黄、柳树、杉类等

研究发现，针叶树种（如油松和柏木林等）随着林龄的增加，树种单位面积滞纳颗粒物的能力逐渐增加，成熟林、过熟林滞纳能力最强，而幼龄林滞纳能力最弱；但是在阔叶树种中，中龄林、近熟林的滞纳能力要高于成熟林、过熟林，幼龄林最低。这主要与不同林龄树种叶片结构、分泌物、林分密度和林冠层叶面积指数有关。

北京市现有森林植被年提供负离子、吸收气体污染物、固碳和释氧的量及滞纳空气颗粒物量见表 5-7 和表 5-8。北京市森林年提供负离子约为 270.05×10^{22} 个，其中栎类提供负离子量最多（占总量的 26.26%）；年吸收空气污染物 $6\ 171.02 \times 10^4 kg$，其中吸收的氮氧化物占北京市 2013 年工业排放的 31.18%，吸收的二氧

化硫占北京排放量的 66.02%；根据北京市环保局 2014 年环保公告，除了二氧化硫达到国家二级水平，北京市全年空气中氮氧化物、PM_{10} 和 $PM_{2.5}$ 平均浓度均未达标。目前，北京市森林吸收的二氧化硫量可以抵消工业排放的 60%，而对其他污染物（特别是颗粒物）的抵消量还比较低。因此，北京市还需要提高城市绿化率，加强森林抚育工作，以便有效提升森林对空气污染物的消减作用。

表 5-7　北京市优势树种（组）治污减霾功能物质量

优势树种（组）	提供负离子/($\times10^{22}$ 个/a)	吸收二氧化硫/($\times10^4$kg/a)	吸收氟化物/($\times10^4$kg/a)	吸收氮氧化物/($\times10^4$kg/a)	固碳/($\times10^4$t/a)	释氧/($\times10^4$t/a)
油松	36.74	502.15	2.14	25.62	8.71	20.43
经济林	43.85	1385.60	26.26	93.78	26.16	59.52
柏木	32.18	2284.38	2.78	33.30	7.15	15.42
栎类	70.92	620.55	32.55	42.00	18.79	45.57
桦木	7.07	78.90	4.14	5.34	2.39	5.79
椴树	6.46	56.74	2.98	3.84	1.87	4.58
杨树	46.78	617.89	32.41	41.82	17.73	42.76
槐树	18.81	196.80	10.32	13.32	5.65	13.62
其他树种	7.25	3.70	44.34	7.39	14.74	34.47
总计	270.05	5746.70	157.91	266.41	103.20	242.16

注：经济树种包括苹果、梨、桃、杏、板栗和柿子等，其他树种包括胡桃楸、水胡黄、柳树、杉类等

北京市森林资源以幼龄林、中龄林为主，在平原区这一特点尤其突出。研究表明，不同林龄叶片滞纳颗粒物能力不一样。例如，多年生植被叶片滞纳能力高于一年生植被叶片的滞纳能力；对同一树种而言，成熟林滞尘能力要大于中龄林和幼龄林，原因主要与叶片结构有关，这也与 Räsänen 等（2014）得出的叶龄高的针叶树叶片滞纳空气颗粒物能力强的研究结果相似。王蕾等（2006）和齐飞燕等（2009）认为，植物滞纳空气颗粒物的能力主要与其叶表面的绒毛、纹理、自由能、分泌物、蜡质等形态结构密切相关，而受其他因素影响较小。成熟林、过熟林叶片表面结构趋于稳定，叶片微观形态不会发生较大变化，其颗粒物的附着能力也趋于稳定。此外，成熟林、过熟林的林冠层已经郁闭，叶面积指数远远大于幼龄林、中龄林，这也是成熟林、过熟林滞纳能力高于幼龄林、中龄林的重要原因之一。另外，同一树种在不同污染环境中的滞纳能力也不一样（Räsänen et al.，2014），一般而言，污染严重地区的树种滞纳颗粒物能力要强于污染较轻地区的树种。研究发现，在污染较严重的北京平原地区，相同林龄的树种单位林分面积滞纳量要高于污染较轻的北部山区。

表5-8 北京市不同优势树种（组）不同林龄空气颗粒物滞纳量

优势树种（组）	幼龄林滞尘量				中龄林、近熟林滞尘量				成熟林、过熟林滞尘量			
	TSP/(×10⁴kg/a)	PM_{10}/(×10⁴kg/a)	$PM_{2.5}$/(×10⁴kg/a)	$PM_{1.0}$/(×10⁴kg/a)	TSP/(×10⁴kg/a)	PM_{10}/(×10⁴kg/a)	$PM_{2.5}$/(×10⁴kg/a)	$PM_{1.0}$/(×10⁴kg/a)	TSP/(×10⁴kg/a)	PM_{10}/(×10⁴kg/a)	$PM_{2.5}$/(×10⁴kg/a)	$PM_{1.0}$/(×10⁴kg/a)
柏木	32.15	16.74	6.68	1.96	5.60	2.91	1.16	0.34	1.19	0.62	0.25	0.07
经济树种	16.74	10.87	4.29	0.51	66.94	43.46	17.16	2.04	72.85	47.30	18.67	2.22
栎类	16.59	7.98	4.87	0.64	19.19	9.23	5.64	0.74	3.21	1.54	0.94	0.12
杨树	12.57	3.77	2.30	0.53	8.49	2.55	1.55	0.36	18.96	5.68	3.47	0.80
油松	9.42	5.66	2.49	0.32	35.64	21.42	9.43	1.21	52.02	31.25	13.76	1.77
槐树	9.36	7.99	2.09	0.26	6.10	5.21	1.36	0.17	12.72	10.85	2.83	0.36
桦木	1.29	0.64	0.41	0.04	1.58	0.78	0.50	0.05	3.09	1.53	0.98	0.10
椴树	0.95	0.42	0.23	0.02	1.90	0.84	0.46	0.03	0.00	0.00	0.00	0.00
其他树种	26.27	21.45	3.74	0.82	9.88	8.07	1.41	0.31	6.55	5.35	0.93	0.21
总计	125.36	75.52	27.10	5.10	155.33	94.47	38.67	5.25	170.59	104.14	41.84	5.64

注：经济树种包括苹果、梨、桃、杏、板栗和柿子等，其他树种包括胡桃楸、水胡黄、柳树、杉类等

5.4　北京市树种优化及造林建议

5.4.1　北京市森林建设面临的问题

1. 森林资源面积较少、质量不高

根据北京市森林资源统计数据，与世界其他国际大都市相比，北京市的森林资源面积仍然处于较低水平（陈菲冰等，2007）。北京市第七次森林资源连续清查结果显示，乔木林单位面积蓄积量为 $29.20\text{m}^3/\text{hm}^2$，仅为全国乔木林单位面积蓄积量的 1/3；此外，北京市现有森林资源中，人工林所占比例较大，达 56%，且存在林地生产力较低、病虫害严重、火灾风险大及生物多样性低等多种问题。

2. 林龄结构不合理且树种单一

幼龄林、中龄林是北京市主要的储备森林资源，现有的森林资源中，幼龄林、中龄林面积所占比例大，合计为 76%；同时，由于缺少抚育管理，相当面积的幼龄林、中龄林林分结构不合理，林木分布不均，长势衰弱；且由于历史原因，北京市形成了大面积的低效林，主要表现是树种单一，林冠单层，林相残败，结构失调，景观效果差，生态功能低下。

北京市主要树种以栎树、侧柏、油松、杨树等为主，灌木林面积较大，树种结构单一不利于维持森林生态系统的稳定性和充分发挥森林生态系统服务功能。

5.4.2　北京市树种优化及建议

城市的环境与发展，是当今国际社会普遍关注的重大问题，北京市作为全国政治、教育、科技和文化中心，在城市发展过程中，协调环境与发展尤为重要。城市森林是城市生态系统的重要组成部分，在吸收污染物、滞纳空气颗粒物、提供负离子等方面起着重要的作用。因此，结合本研究结果，拟对北京市植树造林和森林抚育工作中树种选择与优化提出如下建议。

1. 以乡土树种为主，大规模营造吸收污染物能力较高的树种

北京市属于环境污染较严重的城市，特别是自 2000 年以来，空气污染日趋严重，尤其在 2013 年 1 月，连续发生 4 次强霾污染，$PM_{2.5}$ 平均浓度达到 $200\mu g/m^3$，以城区面积为 750km^2 来推算，北京城上空悬浮的污染物总量超过 4000t；更为严重的是 2014 年 2 月，$PM_{2.5}$ 浓度高达 $900\mu g/m^3$。因此，为了保障北京市良好的空气环境，需要以乡土树种为主，实施治污减霾工程，大力营造滞纳空气颗粒物和吸收污染物能力强的树种，达到改善生态环境的目的。根据研究结果，结合实际

情况，北京市推荐造林树种见表5-9。

表5-9 北京市推荐造林树种

类型	推荐植物
常绿乔木（5种）	油松、白皮松、侧柏、雪松、圆柏
落叶乔木（11种）	国槐、柳树（♂）、刺槐、栾树、元宝枫、柿树、杜梨、构树、梓树、栎类、榉树
亚乔木（4种）	山杏、桃类、紫叶李、丁香
灌木（7种）	沙地柏、金银木、月季类、紫荆、黄杨、月季、紫蕙槐

2. 调整林分结构，提高森林生态功能

在森林面积、蓄积双增长的基础上，应进一步调整、优化森林结构（包括树种组成、林分密度和林龄结构等）。针对林龄结构不合理、树种单一等问题，北京市今后的森林管理工作应重视加强森林抚育，特别是幼龄林、中龄林方面，应尽快建立抚育长效机制，积极采取幼龄林、中龄林培育、补植、修枝除蘖、间伐、修埝割灌等抚育措施，以保证森林的健康生长，巩固造林绿化效果；针对大面积低效林应加强改造，增加树种多样性，利用近自然和森林健康等科学的森林经营方法，从而达到生态功能提升的效果。

5.5 小 结

经济快速增长、城镇化建设加快带来了一系列环境问题，特别是近几年空气污染问题逐渐成为北京市政府及人民群众普遍关注的焦点。据统计，2013～2014年，北京市 $PM_{2.5}$ 全年平均浓度为 $89.80\mu g/m^3$，比 $35\mu g/m^3$ 的国家标准超出了1.57倍；全年优良天数共计176d，仅占全年总天数的48.20%；三级轻度污染天数总计84d，占23.00%；而四级中度污染以上的天数为105d，占28.80%（王兵等，2015）。如何治理空气污染，特别是减少可吸入颗粒物已成为迫切需要解决的问题。

本章针对目前的污染问题，重点研究了北京市百万亩造林工程和现有森林在净化空气、吸收气体污染物和滞纳颗粒物方面的功能。结果表明，北京地区油松、白皮松、侧柏、栾树、柳树、槐树、沙地柏、地锦等植物对空气颗粒物和气体污染物吸收能力较强，且中龄林、近熟林吸收气体污染物和滞纳颗粒物的能力要高于过熟林和幼龄林。基于本研究结果，结合前人研究进展及北京市森林特点，建议北京市以乡土树种为主，大规模营造吸收污染物能力高的树种；通过调整林分结构，进一步提高森林生态系统服务功能，尤其是净化大气环境功能。

第6章 森林治污减霾功能特征与展望

6.1 森林治污减霾功能特征分析

6.1.1 森林滞纳空气颗粒物内在机制分析

树木叶片表面微观结构，包括叶片蜡质层厚度、绒毛长短、气孔密度、纹理深浅及粗糙度等内在机制对叶片滞纳空气污染物起到至关重要的作用（Terzaghi *et al.*，2013；Kajetan *et al.*，2011；Elena *et al.*，2011）。阔叶树种不同生长发育阶段叶片结构的差异是导致树种滞纳空气颗粒物能力产生差异的主要原因（齐飞燕等，2009）；而对于针叶树种，由于其叶片属于多年生，叶片表面结构在不同时间段趋于一致，因此在不同季节，影响针叶树种滞尘能力的主要原因是空气中颗粒物浓度（王兵等，2015）。由此看来，无论是针叶树种还是阔叶树种，叶片对 PM$_{2.5}$ 的滞纳能力主要取决于生境中空气颗粒物的质量浓度、叶片表面微结构、湿润性和叶片粗糙度等（Sæbø *et al.*，2012；Mitchell *et al.*，2010）。叶片表面粗糙度可以影响细颗粒物的滞留，颗粒物与叶片之间的物理作用则是影响较大颗粒物滞留的主要方式（Terzaghi *et al.*，2013）。从叶片原子力显微镜（AFM）微观结构（图6-1）可以看出，叶片表面存在大量的沟槽、峰谷区域和凹陷，导致叶片的表面粗糙度较高，进而有利于颗粒物的滞留。由表 6-1 可知，阔叶树种叶片表面的粗糙度大于针叶树种；但也有相关研究发现，针叶树种叶片单位面积滞尘能力高于阔叶树种（Beckett *et al.*，2000）。这表明叶片滞纳能力除了与叶片表面粗糙度、表面特征有关，还与叶片表面气孔密度、油脂厚度、空气颗粒物浓度等因素有关。本研究结果显示：阔叶树种叶片表面的粗糙度与其滞纳颗粒物能力成正比，且叶片表面滞纳颗粒物的能力受其叶片表面微观形态影响较大。

由于测试结果受采样地、采样时间、采样部位和试验环境等多种因素的影响，不同地点所测结果数值和变化趋势可能存在差别。通过对比 Smith（2004）、康博文等（2003）和柴一新等（2002）的研究结果发现，尽管测试环境条件差异很大，但植物叶片的颗粒物附着密度排序基本一致，即松柏类单位叶片附着密度较大，且树种间滞尘能力的差异是由叶片的形态结构特征决定的（Nowak *et al.*，2006；Beckett *et al.*，2000）。由此看来，植物叶片滞尘能力主要与其叶表面的绒毛、纹理、自由能、分泌物、蜡质等形态结构密切相关，受其他因素影响较小。在微形态结构研究方面，齐飞燕等（2009）和王蕾等（2006b）认为，具有沟槽和小室微

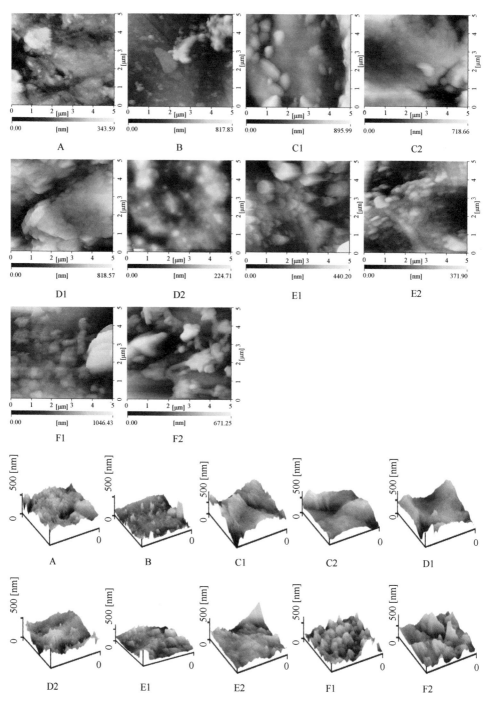

图 6-1　不同优势树种（组）叶片原子力显微镜（AFM）扫描图
A~F 分别为油松、白皮松、五角枫、柳树、杨树和银杏叶正面、背面的二维、三维图像；
油松和白皮松无正背面之分

表 6-1 不同优势树种（组）叶片原子力显微镜（AFM）观察参数（平均值、误差）

优势树种（组）	正背面	轮廓算数平均偏差 R_a/nm	峰谷值 PV/nm	微观粗糙度 RMS/nm	微观不平度十点高度 R_z/nm	表面积 S/nm²	面积比
油松	无正背面	41.64±1.92	451.13±63.59	54.81±3.19	267.80±41.28	$2.89\times10^7\pm5.44\times10^5$	1.16±0.02
白皮松	无正背面	34.95±3.33	485.10±58.90	51.87±1.81	264.10±19.40	$2.97\times10^7\pm2.55\times10^5$	1.20±0.01
柳树	正面	176.63±56.33	1312.67±103.57	216.53±34.06	613.30±47.44	$3.40\times10^7\pm2.65\times10^5$	1.37±0.11
	背面	267.77±18.08	2019.33±198.33	336.50±27.57	976.37±108.14	$2.56\times10^7\pm3.07\times10^5$	2.14±0.01
五角枫	正面	140.47±28.78	1151.73±160.07	117.23±34.06	589.40±99.95	$3.41\times10^7\pm2.20\times10^5$	1.37±0.09
	背面	38.96±9.81	400.93±64.69	148.86±12.04	174.80±22.61	$5.32\times10^7\pm1.82\times10^5$	1.03±0.07
杨树	正面	62.45±10.78	704.6±18.07	85.68±11.15	333.27±19.34	$2.83\times10^7\pm1.03\times10^5$	1.14±0.04
	背面	45.51±6.24	534.33±96.79	59.62±4.81	233.137±11.15	$2.64\times10^7\pm4.49\times10^5$	1.06±0.02
银杏	正面	106.42±35.55	1264.97±410.63	140.16±47.85	526.47±107.85	$3.53\times10^7\pm2.78\times10^5$	1.42±0.11
	背面	90.74±20.56	1029.43±201.33	118.18±23.94	473.5±56.92	$3.21\times10^7\pm2.44\times10^5$	1.29±0.10

注：表征叶片表面粗糙度的常用参数有轮廓算术平均偏差（R_a）、微观不平度十点高度（R_z）、峰谷值（PV）和微粗糙度（RMS），其中 R_a 是最常用的粗糙度表征参数。参数 S 用于测定粗糙度参数的面积，面积比是实测面积占整个视窗面积的比例。

形态结构的叶片对颗粒物附着更有利；齐飞燕等（2009）还发现，绒毛结构能够提高叶片表面滞留空气颗粒物的能力。

为了更好地了解不同树种叶片结构对颗粒物滞纳能力的影响因素，我们对北京市的 6 种常见树种（油松、白皮松、柳树、五角枫、杨树、银杏）进行了研究。6 种常见树种叶片表面微观结构如图 6-2 和表 6-2 所示，可以看出，油松和白皮松气孔排列密度和表面粗糙度均高于柳树、银杏、元宝枫和杨树。

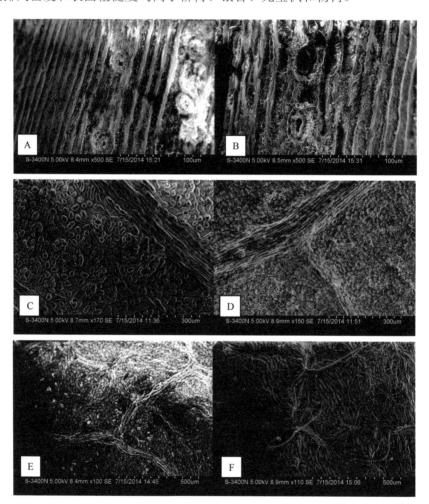

图 6-2 不同优势树种（组）叶片微观形态
A. 油松；B. 白皮松；C. 银杏；D. 杨树；E. 五角枫；F. 柳树

6.1.2 森林滞纳空气颗粒物外在机制分析

（1）不同树种滞纳颗粒物的外在机制分析

植被可以增加地表粗糙度，降低风速，提高地表湿润度，从而增加空气颗粒

表 6-2　不同优势树种（组）叶片表面微观结构

优势树种（组）	叶片表面微观结构
油松（A）	气孔为圆形，竖行排列，密度较大，气孔周围有分泌物，上面附着不规则的颗粒物，且在叶表的气孔周围由于细胞排列凹凸不平，有利于灰尘颗粒停留，成为灰尘最集中的位置，叶面上纹理排列紧密，有条形突起，表面较粗糙，凹凸不平
白皮松（B）	表面也较为粗糙，气孔呈椭圆形，在放大相同显微倍数下，气孔比油松气孔大，但气孔周边相比于油松较光滑，附着的颗粒物也较少，纹理不规则、呈片状分布，看不见绒毛，叶表面有蜡质存在
银杏（C）	表面光滑，气孔密度较小，气孔周围光滑清晰可见，没有蜡质，无表皮纤维
杨树（D）	表皮趋于平滑，气孔很少，气孔凹陷于角质层之下，角质层拱盖突起完全包围气孔，无分泌物，纹理清晰可见，呈现较浅的网状纹饰，无表皮绒毛和腺体，表面附着颗粒物较少
五角枫（E）	气孔呈放射状平行分布，有一定的浅沟，表面上具有类似网状或蜂窝状的沟状组织，纹理清晰可见但不规则
柳树（F）	气孔较大且较为平滑，气孔密度和气孔开口较小，无明显的起伏，气孔周围密集有较浅的线形纹饰，表面纤毛较多、毛体柔软且较长，呈短圆柱形，排列较稀疏

物的沉降速率，因此，不同树种滞纳颗粒物随时间而变化，同时与当地污染物种类及气候条件等外在影响机制有关。

一方面，树种滞纳颗粒物机制与时间、地点有关。Beckett 等（2000）选取白花椒（*Sorbus aria*）、栓皮槭（*Acer campestre*）、三角杨（*Populus deltoides*）、科西嘉松（*Pinus nigra* var. *maritime*）和杂交金柏（*Cupressocyparis × leylandii*）进行相同时间内不同地点叶片移除空气颗粒物能力的研究，认为相同树种对 PM_{10} 吸附能力在不同地点、不同时间存在显著差异，相同时间内同一树种在马路边滞纳 PM_{10} 的量比在污染较轻的公园内高 2～3 倍；而同一种树种在不同地点对 $PM_{2.5}$ 的滞纳量则较为接近，表明相同树种对 PM_{10} 的滞纳量受地点和污染情况影响较大，而对 $PM_{2.5}$ 的滞纳量影响则较小。

另一方面，不同污染环境也会对植被造成一定影响。Wang 等（2013）认为在重污染情况下，植物叶片纹理会变地不规则，且粗糙度增加，致使叶片表面接触角变大，而接触角变大可以更有效地滞留颗粒物；Pal 等（2002）认为在不同污染区下，植物叶片结构形态会发生变化，主要表现为气孔被堵塞、纤毛会变长，表面粗糙度增加；同时，由于气孔被堵塞或者关闭，会导致光合作用减弱，从而使植物生长速度变缓，该结果与北京不同污染程度下园林植物滞纳颗粒物研究结果相似（张维康等，2015）。另外，重污染会增加植物叶片表面绒毛长度，增强绒毛柔软性，但同时也会减少绒毛密度。有研究发现，植物叶片绒毛越细长，越容易吸附颗粒物，使其难以脱离，从而加强了滞尘效果（柴一新等，2002；Pal *et al.*,2002）。

然而，在不同污染程度下，植物叶片微观结构变化的诱因究竟是空气颗粒物浓度还是其他污染物，这些变化对植物的生理过程产生哪些影响，这些影响是否能提高植物滞纳空气颗粒物和吸收气体污染物的能力，这一系列问题至今还没有形成一致的结论，需要今后开展更多的研究工作（杨新兴等，2013）。

（2）不同林龄滞纳颗粒物的外在机制分析

不同林龄阶段对空气颗粒物的滞纳能力也存在差异。例如，房瑶瑶等（2015）对陕西关中地区不同森林类型滞纳颗粒物的研究表明，大部分树种幼龄林滞纳颗粒物功能较低，而中龄林、近熟林和成熟林的滞纳功能较高。这主要是因为中龄林、近熟林的林分结构已较为稳定和成熟，随着林龄的增加，其颗粒物的滞纳功能没有显著变化。

本书对北京市不同林龄滞纳颗粒物研究结果显示，在不同的林龄阶段，由于受到树种发育程度及不同林龄叶面积指数的影响，树种滞纳颗粒物的能力不同。一般而言，针叶树种成熟林、过熟林治污减霾效果要好于中龄林、近熟林和幼龄林；而阔叶树种，由于树种的演替更新和种内、种间竞争等原因，成熟林、过熟林的治污减霾效果要低于中龄林、近熟林，但是差异不大，而幼龄林治污减霾能力相对较低。

6.1.3　小结

一般而言，针叶树种的治污减霾能力要高于阔叶树种；阔叶树种主要以柳树、槐树、栾树、五角枫等治污减霾能力较强，而银杏、杨树、栎类等治污减霾能力较差。

同一树种在不同地点和时间，其治污减霾的能力也不相同。在污染严重的地区其治污减霾的能力要高于环境较清洁的地区；植物叶片生长旺盛时期滞纳颗粒物和吸收气体污染物的能力较强，而叶片刚要进入展叶期或者凋落时期滞纳能力较弱。

中龄林、近熟林、成熟林的治污减霾能力要高于幼龄林。

6.2　治污减霾前景与展望

当今社会，随着工业化迅速发展，城市空气污染问题愈来愈突出，人们愈来愈关注生存环境和健康问题，空气质量得到前所未有的重视。空气中的细颗粒物已逐渐成为空气中的首要污染物。细颗粒物（$PM_{2.5}$）因其危害人体健康、携带病菌和污染物，且沉降困难、影响范围广，控制和治理难度大，已成为国内外政府和学者共同关注的重要问题（David et al.，2013；Wang et al.，2006；Schwartz，1994）。在目前尚不能完全依赖治理污染源解决环境问题的情况下，借助自然界的清除机制是缓解城市空气污染压力的有效途径，而植树造林、提高园林城市绿化率是最为有效的途径之一。

城市森林作为城市生态建设中最大的唯一具有自净功能的生态系统，不仅为城市污染环境下的居民提供了相对洁净的休闲游憩空间，在治污减霾方面也发挥着独特的生态功能。相同生境下，种植油松、雪松、侧柏、旱柳、五角枫等滞纳空气颗粒物能力强的树种更加有利于降低空气污染物浓度，提高环境质量。因此，实施城市公园建设、绿色通道建设、平原防护林更新改造、植树造林等绿化措施时，应大力种植治污减霾能力强的树种，不但可以提高城市森林覆盖率，还可以解决城市空气质量差、绿化布局不合理等问题。

针对已有的森林植被，应实施森林健康经营，加强对幼龄林、中龄林的抚育工作，积极改造生态功能低的林分类型，进一步调整和优化森林结构，大力发展针阔混交林，建立结构复杂、系统稳定、生态功能强大的森林生态系统。

因此，在今后的研究中，需要量化研究更多树种的滞尘能力，加强研究颗粒物理化性质、组成及叶片的微观结构对颗粒物滞纳能力的影响；同时要结合树种滞纳能力的动态变化情况，根据树种滞留颗粒物能力高低，筛选出研究区域适宜树种，确定研究区域调控空气颗粒物功能的优势树种组合，有针对性地挑选易于吸附相应化学物质的植被类型（赵晨曦等，2013；吴海龙等，2012；El-Khatib et al.，2011）。本研究结果将为植树造林等治理雾霾措施，净化环境空气质量等方面提供翔实的数据依据，同时也为城市绿化树种选择和山地森林经营抚育工作提供理论指导。

未来防治空气污染、治污减霾的过程还有很长的路要走，不仅需要从源头上控制污染物的排放，如使用清洁能源，还需要加强植树造林。通过绿色植被的生态功能、全民的参与和积极支持，相信雾霾天会在戮力同行中破局。美丽中国也一定会在共同努力中实现。

参 考 文 献

安静宇, 李莉, 黄成. 2014. 2013 年 1 月中国东部地区重污染过程中上海市细颗粒物的来源追踪模拟研究. 环境科学学报, 34(10): 2635-2644.

鲍全盛, 王华东. 1996. 我国水环境非点源污染研究与展望. 地理科学, 16(1): 66-71.

北京市环保局. 2013. 2013 年北京市环境状况公告. 北京: 北京环保局.

北京市环保局. 2015. 2015 年北京市环境状况公告. 北京: 北京环保局.

北京市统计局. 2010. 2010 北京统计年鉴. 北京: 中国统计出版社.

北京市统计局. 2011. 2011 北京统计年鉴. 北京: 中国统计出版社.

北京市统计局. 2012. 2012 北京统计年鉴. 北京: 中国统计出版社.

北京市统计局. 2013. 2013 北京统计年鉴. 北京: 中国统计出版社.

北京市统计局. 2014. 2014 北京统计年鉴. 北京: 中国统计出版社.

曾曙才, 苏志尧, 陈北光. 2006. 我国森林空气负离子研究进展. 南京林业大学学报(自然科学版), 30(5): 107-111.

柴一新, 祝宁, 韩焕金. 2002. 城市绿化树种的滞尘效应——以哈尔滨市为例. 应用生态学报, 13(6): 1121-1126.

常美蓉, 庞奖励, 张彩云, 等. 2009. 关中东部不同土地利用方式对土壤质地影响探讨. 农业系统科学与综合研究, 25(1): 50-53.

陈菲冰, 邵波, 袁桂美, 等. 2007. 城市森林建设量化指标研究概况. 西南农业大学学报(社会科学版), (5): 1-4.

陈慧娟, 刘君峰, 张静玉, 等. 2008. 广州市 $PM_{2.5}$ 和 $PM_{1.0}$ 质量浓度变化特征. 环境科学与技术, 31(10): 87-91.

陈玮, 何兴元, 张粤, 等. 2003. 东北地区城市针叶树冬季滞尘效应研究. 应用生态学报, 14(12): 2113-2116.

储伶丽, 郭江. 2011. 关中地区对陕西经济发展的辐射作用. 安徽农业科学, 39(8): 4963-4964.

戴斯迪, 马克明, 宝乐, 等. 2013. 北京城区公园及其邻近道路国槐叶面尘分布与重金属污染特征. 环境科学学报, 33(1): 154-162.

段琼. 2006. 可吸入颗粒物 PM_{10} 和 $PM_{2.5}$ 的测量与研究——几种典型案例的分析. 太原理工大学硕士学位论文.

樊文雁, 胡波, 王跃思, 等. 2009. 北京雾、霾天细粒子质量浓度垂直梯度变化的观测. 气候与环境研究, 14(6): 631-638.

范春阳. 2014. 北京市主要空气污染物对居民健康影响的经济损失分析. 华北电力大学硕士学位论文.

范舒欣, 晏海, 齐石茗月, 等. 2015. 北京市 26 种落叶阔叶绿化树种的滞尘能力. 植物生态学报, 39(7): 736-745.

方建刚, 白爱娟, 陶建玲, 等. 2005. 2003 年陕西秋季连阴雨降水特点及换流条件分析. 应用气象学报, 16(4): 509-517.

方精云, 陈安平. 2001. 中国森林植被碳库的动态变化及其意义. 植物学报, 43(9): 967-973.

房瑶瑶, 王兵, 牛香. 2015. 陕西省关中地区主要造林树种大气颗粒物滞纳特征研究. 生态学杂志, 34(6): 1516-1522.

房瑶瑶, 王兵, 牛香. 2016. 4 树种叶片表面颗粒物洗脱特征与其微观形态的关系. 西北农林科技大学学报, 4(8): 1-7.

房瑶瑶. 2015. 森林调控空气颗粒物功能及其与叶片微观结构关系的研究——以陕西省关中地区为例. 中国林业科学研究院博士学位论文.

冯建儿, 韩鹏. 2013. 基于滤膜称重法的大气颗粒物自动监测. 计算机与现代化, 7: 94-97.

凤振华, 邹乐乐, 魏一鸣. 2010. 中国居民生活与CO_2排放关系研究. 中国能源, 32(3): 37-40.

符超峰, 宋友桂, 强小科, 等. 2009. 环境磁学在古气候环境研究中的回顾与展望. 地球科学与环境学报, 31(3): 312-322.

高蕾. 2012. 关中地区社会经济发展与环境污染成本核算研究. 江西农业学报, 24(10): 91-94.

国家林业局. 2003. 森林生态系统定位观测指标体系(LY/T 1606—2003). 北京: 中国标准出版社: 4-9.

国家林业局. 2005. 森林生态系统定位研究站建设技术要求(LY/T 1626—2005). 北京: 中国标准出版社: 6-16.

国家林业局. 2007. 干旱半干旱区森林生态系统定位监测指标体系(LY/T 1688—2007). 北京: 中国标准出版社: 3-9.

国家林业局. 2008a. 国家林业局陆地生态系统定位研究网络中长期发展规划(2008～2020 年). 北京: 中国标准出版社: 62-63.

国家林业局. 2008b. 森林生态系统服务功能评估规范(LY/T 1721—2008). 北京: 中国标准出版社: 3-6.

国家林业局. 2010a. 森林生态系统定位研究站数据管理规范(LY/T 1872—2010). 北京: 中国标准出版社: 3-6.

国家林业局. 2010b. 森林生态站数字化建设技术规范(LY/T 1873—2010). 北京: 中国标准出版社: 3-7.

国家林业局. 2014. 2013 退耕还林生态效益评估报告. 北京: 中国林业出版社.

国家气象中心. 2012. 降水量等级(GB/T 28592—2012). 北京: 中国标准出版社.

国家统计局. 2010. 2010 中国统计年鉴. 北京: 中国统计出版社.

国家统计局. 2011. 2011 中国统计年鉴. 北京: 中国统计出版社.

国家统计局. 2012. 2012 中国统计年鉴. 北京: 中国统计出版社.

国家统计局. 2013. 2013 中国统计年鉴. 北京: 中国统计出版社.

国家统计局. 2014. 2014 中国统计年鉴. 北京: 中国统计出版社.

国家统计局. 2015. 2015 中国统计年鉴. 北京: 中国统计出版社.

韩国刚. 1989. 救救中国. 北京: 求实出版社.

韩会然, 杨成凤, 宋金平. 2015. 北京市土地利用空间格局演化模拟及预测. 地理科学进展, 34(8): 976-986.

韩培培. 2010. 陕西省五种主要经济林树种气候区划研究. 西北农林科技大学硕士学位论文.

贺映娜. 2012. 秦岭植被物候期及遥感生长季的变化研究. 西北大学硕士学位论文.

洪钟祥, 周乐义, 沈剑青, 等. 1987. 气溶胶粒子干沉降速度的测量. 大气科学, 11(2): 138-144.

侯燕鸣, 胡剑江, 方蕾, 等. 2011. 扫描电镜的不同含水量植物叶片样品的处理及观察方法研究. 分析仪器, (5): 45-48.

胡伟, 魏复盛. 2003. 中国 4 城市空气颗粒物元素的因子分析. 中国环境监测, 19(3): 39-42.

黄会一, 张有标, 张春兴, 等. 1981. 木本植物对大气气态污染物吸收净化作用的研究. 生态学报, 1(4): 335-344.

黄慧娟. 2008. 保定常见绿化植物滞尘效应及尘污染对其光合特征的影响. 河北农业大学硕士学位论文.

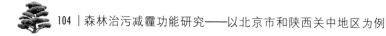
季静, 王罡, 杜希龙, 等. 2013. 京津冀地区植物对灰霾空气中 PM$_{2.5}$ 等细颗粒物吸附能力分析. 中国科学, 43: 694-699.

贾滨洋, 刘宜. 2008. 人工湿地处理污水的机理与其应用前景. 四川环境, 27(1): 81-86.

贾萍, 宫辉力. 2003. 我国湿地的研究现状与发展趋势. 首都师范大学学报, 24(3): 84-95.

姜安玺, 时双喜, 徐江兴. 1999. 主要大气污染的现状及控制途径. 哈尔滨建筑大学学报, 32(6): 63-65.

姜翠玲, 范晓秋, 章亦兵. 2004. 农田沟渠挺水植物对 N、P 的吸收及二次污染防治. 中国环境科学, 24(6): 702-706.

姜月华, 殷鸿福, 王润华. 2004. 环境磁学理论, 方法和研究进展. 地球学报, 25(3): 357-362.

蒋跃平, 葛滢, 岳春雷, 等. 2004. 人工湿地植物对观赏水中氮磷去除的贡献. 生态学报, 24(8): 1720-1725.

焦醒, 刘广全. 2008. 黄土高原刺槐生长状况及其影响因子. 国际沙棘研究与开发, 6(2): 42-48.

康博文, 刘建军, 王得祥, 等. 2003. 陕西 20 种主要绿化树种滞尘能力的研究. 陕西林业科技, (4): 54-56.

康艳, 刘康, 李团胜, 等. 2005. 陕西省森林生态系统服务功能价值评估. 西北大学学报(自然科学版), 35(3): 351-354

匡文慧, 张树文, 张养贞, 等. 2006. 吉林省东部山区近 50 年森林景观变化及驱动机制研究. 北京林业大学学报, 28(3): 38-45.

李海奎, 郑立生, 李凤华. 2010. 红松母树林下刺五加资源抽样调查方法. 东北林业大学学报, 38(7): 71-74.

李海侠. 2003. 武汉市东湖周边道路尘埃的磁性结构特征与其环境意义. 中国地质大学硕士学位论文.

李静. 2004. 陕西三河湿地生态评价与保护研究. 陕西师范大学硕士学位论文.

李兰, 石玉成. 2009. 激光粒度分析仪测量黄土粉体粒度的应用研究. 甘肃科学学报, 4(21): 46-50.

李印颖. 2007. 植物与空气负离子关系的研究. 西北农林科技大学硕士学位论文.

刘福智, 刘加平. 2005. 植物对空气中可吸入颗粒物的量化控制及影响. 青岛理工大学学报, 26(5): 25-29.

刘国华, 傅伯杰, 方精云. 2000. 中国森林碳动态及其对全球碳平衡的贡献. 生态学报, 20(5): 733-740.

刘辉, 贺克斌, 马永亮, 等. 2011. 2008 年奥运前后北京城、郊 PM$_{2.5}$ 及其水溶性离子变化特征. 环境科学学报, 31(1): 177-185.

刘玲, 方炎明, 王顺昌, 等. 2013. 7 种树木的叶片微形态与空气悬浮颗粒吸附及重金属累积特征. 环境科学, 34(6): 2361-2367.

刘鲁霞, 庞勇, 李增元, 等. 2013. 用地基激光雷达提取单木结构参数——以白皮松为例. 遥感学报, 18(2): 371-377.

刘璐, 管东生, 陈永勤. 2013. 广州市常见行道树种叶片表面形态与滞尘能力. 生态学报, 33(8): 2604-2614.

刘萌萌. 2014. 林带对阻滞吸附 PM$_{2.5}$ 等颗粒物的影响研究. 北京林业大学硕士学位论文.

刘倩. 2015. 北京市环境问题现状及对策. 商: 公共管理, (35): 80-81.

刘任涛, 毕润成, 赵哈林. 2008. 太岳林区山核桃种群树高和胸径关系的数学模拟. 生物数学学报, 23(3): 416-422.

刘文桢, 赵中华, 惠刚盈, 等. 2011. 小陇山油松天然林结构特征. 林业科学研究, 4(4): 437-442.

刘西俊, 尚宗燕, 陆志刚, 等. 1979. 绿化树种对大气污染物——二氧化硫的吸收作用. 陕西林业科技, 4: 2-25, 56.

刘宪锋, 任志远, 林志慧. 2012. 基于 GIS 的陕西省土壤有机碳估算及其空间差异分析. 资源科学, 34(5): 911-918.

马丰丰, 贾黎明. 2009. 北京地区侧柏、油松带皮胸径与去皮胸径的关系. 浙江林学院学报, 26(1): 13-16.

孟昭阳, 张怀德, 蒋晓明, 等. 2007. 太原冬季 $PM_{2.5}$ 中有机碳和元素碳的变化特征. 应用气象学报, 18(4): 524-531.

苗得雨, 周孝德, 程文, 等. 2006. 中国环境污染现状分析及防治管理措施. 水利科技与经济, 12(11): 751-753.

莫宏伟, 任志远. 2012. 陕西关中地区植被指数变化多尺度分析. 干旱区研究, 29(1): 59-65.

倪刘建. 2006. 南京市不同功能区大气降尘性质及其对土壤影响的研究. 南京农业大学硕士学位论文.

牛香, 王兵. 2012. 基于分布式测算方法的福建省森林生态系统服务功能评估. 中国水土保持科学, 10(4): 114-121.

欧阳志云, 辛嘉楠, 郑华. 2006. 北京城区花粉致敏植物种类, 分布及物候特征. 应用生态学报, 18(9): 1953-1958.

潘纯珍, 陈刚才, 杨清玲, 等. 2004. 重庆市地区道路 $PM_{10}/PM_{2.5}$ 浓度分布特征研究. 西南农业大学学报, 26(5): 576-579.

庞奖励, 郭美娟, 邱海燕, 等. 2009. 关中东部地区退耕还林对土壤微形态的影响研究. 土壤学报, 46(2): 210-216.

彭康, 杨杨, 郑君瑜. 2013. 珠江三角洲地区铺装道路排放因子与排放清单研究. 环境科学学报, 33(10): 2657-2663.

彭艳, 王钊, 李星敏, 等. 2011. 近60a陕西关中城市群大气能见度变化趋势与大气污染研究. 干旱区资源与环境.25(9): 149-155.

齐飞燕, 竺延风, 赵勇, 等. 2009. 郑州市园林植物滞留大气颗粒物能力的研究. 河北农业大学学报, 43(3): 256-259.

秦俊, 王丽勉, 高凯, 等. 2008. 植物群落对空气负离子浓度影响的研究. 华中农业大学学报, 27(2): 303-308.

邱海燕, 庞奖励, 郭美娟, 等. 2007. 关中西部典型人工生态林与经济林林地土壤的剖面特征及土壤粒度组成. 西部林业科学, 36(4): 95-99.

任建光. 2006. 北京地区表层土壤剖面磁学特征及其环境意义. 中国地质大学硕士学位论文.

陕西省环保厅. 2010. 2010 年陕西省环境状况公报. 西安: 陕西省环保厅.

陕西省环保厅. 2011. 2011 年陕西省环境状况公报. 西安: 陕西省环保厅.

陕西省环保厅. 2013. 2013 年陕西省环境状况公报. 西安: 陕西省环保厅.

陕西省环保厅. 2014. 2014 年陕西省环境状况公报. 西安: 陕西省环保厅.

陕西省统计局. 2010. 2010 陕西统计年鉴. 北京: 中国统计出版社.

陕西省统计局. 2011. 2011 陕西统计年鉴. 北京: 中国统计出版社.

陕西省统计局. 2012. 2012 陕西统计年鉴. 北京: 中国统计出版社.

陕西省统计局. 2013. 2013 陕西统计年鉴. 北京: 中国统计出版社.

上官铁梁, 范文标, 徐建红. 2005. 中国大气污染的研究现状和对策. 山西大学学报, 23(1): 91-94.

尚倩, 李子华, 杨军, 等. 2011. 南京冬季大气气溶胶粒子谱分布及其对能见度的影响. 环境科学, 32(9): 2750-2755.

邵海荣, 贺庆棠, 阎海平, 等. 2005. 北京地区空气负离子浓度时空变化特征的研究. 北京林业大学学报, 27(3): 35-39.

邵海荣, 贺庆棠. 2000. 森林与空气负离子. 世界林业研究, 13(5): 19-23.

邵龙义, 杨书申, 李卫军, 等. 2005. 大气颗粒物单颗粒分析方的应用现状及展望. 古地理学报, 7(4): 536-548.

申晓瑜. 2007. 北京市常见园林植物叶面积指数模型模拟. 北京林业大学硕士学位论文.

石辉, 王会霞, 李秋秋. 2011. 植物叶表面的润湿性及其生态学意义. 生态学报, 31(15): 4287-4298.

石强, 舒惠芳, 钟林生, 等. 2004. 森林游憩区空气负离子评价研究. 林业科学, 40(1): 36-40.

舒清态, 唐守正. 2005. 国际森林资源监测的现状与发展趋势. 世界森林研究, 18(3): 33-37.

宋进喜, 宋令勇, 惠泱河, 等. 2009. 陕西省降水时空变化特征及资源变化研究. 北京师范大学学报(自然科学版), 45(5/6): 575-580.

宋英石, 李锋, 徐新雨, 等. 2013. 城市空气颗粒物的来源、影响和控制研究进展. 环境科学与技术, 36(12): 214-221.

宋宇, 唐孝炎, 方晨, 等. 2002. 北京市大气细粒子的来源分析. 环境科学, 23(6): 11-16.

苏泳娴, 黄光庆, 陈修治, 等. 2011. 城市绿地的生态环境效应研究进展. 生态学报, 31(23): 7287-7300.

粟娟, 王新明, 梁杰明, 等. 2005. 珠海市 10 种绿化树种芳多精成分分析. 中国城市林业, 3(3): 43-45.

孙娴, 魏娜, 肖科丽. 2010. 陕西秋季降水变化特征. 应用气象学报, 21(3): 360-365.

索安宁, 赵冬至, 张丰收. 2010. 我国北方河口湿地植被储碳、固碳功能研究. 海洋学研究, 28(3): 67-71.

唐国慧, 陈玉华, 秦铁柱, 等. 1994. 超高压静电空气离子化集尘箱治理铬酸粉尘的应用. 职业医学, 21(6): 13-14.

唐守正. 1998. 中国森林资源及其对环境的影响. 生物学通报, 33(11): 2-6.

唐孝炎. 1990. 大气环境化学. 北京: 高等教育出版社.

天气网. 2013. 北京 2013 全年优良天数不足一半空气质量差到极致. http://beijing.tianqi.com/news/21811.html [2015-09-01].

田文达. 2007. 芦苇湿地与环境. 现代农业科技, 23: 213-214.

涂华, 陈亚飞, 陈文敏. 2003. 利用固定碳计算我国无烟煤的含碳量. 煤炭科学技术, 31(12): 98-101.

王宝贞. 1991. 水污染控制工程. 北京: 高等教育出版社.

王兵, 崔向慧, 杨锋伟. 2004. 中国森林生态系统定位研究网络的建设与发展. 生态学杂志, 23(4): 84-91.

王兵, 崔向慧. 2003. 全球陆地生态系统定位研究网络的发展. 林业科技管理, 2: 15-21.

王兵, 丁访军. 2010. 森林生态系统长期定位观测标准体系构建. 北京林业大学学报, 32(6): 141-145.

王兵, 宋庆丰. 2012. 森林生态系统物种多样性保育价值评估方法. 北京林业大学学报, 34(2): 157-160.

王兵, 王晓燕, 牛香, 等. 2016. 北京市常见落叶树种叶片滞纳空气颗粒物功能. 环境科学, 36(6): 2006-2009.

王兵, 张维康, 牛香, 等. 2015. 北京 10 个常绿树种颗粒物吸附能力研究. 环境科学, 36(2): 26-42.

王兵. 2010. 中国森林生态服务功能评估. 北京: 中国林业出版社.

王兵. 2015. 森林生态连清技术体系构建与应用. 北京林业大学学报, 37(1): 1-8.

王桂波. 2012. 基于碳排放效应的关中地区土地利用结构效应评价及优化研究. 西北农林科技
  大学硕士学位论文.

王洪俊. 2004. 城市森林结构对空气负离子水平的影响. 南京林业大学学报(自然科学版), 28(5): 96-98.

王华, 鲁绍伟, 李少宁, 等. 2013. 可吸入颗粒物和细颗粒物基本特征、监测方法及森林调控功
  能. 应用生态学报, 24(3): 869-877.

王会霞, 石辉, 李秋秋. 2010. 城市绿化植物叶片表面特征对滞尘能力的影响. 应用生态学报,
  21(12): 3077-3082.

王会霞, 王彦辉, 杨佳, 等. 2015. 不同绿化树种滞留 $PM_{2.5}$ 等颗粒污染物能力的多尺度比较. 林
  业科学, 51(7): 9-20.

王会霞. 2012. 基于润湿性的植物叶面截留降水和降尘的机制研究. 西安建筑科技大学博士学
  位论文.

王婧, 曾文华. 2007. 网格技术在全球分布计算计划 GIMPS 中的应用研究. 计算机与现代化, (9): 1-4.

王静, 牛生杰, 许丹, 等. 2013. 南京一次典型雾霾天气气溶胶光学特性. 中国环境科学, 33(2):
  201-208.

王蕾, 高尚玉, 刘连友, 等. 2006a. 北京市 11 种园林植物滞留大气颗粒物能力研究. 应用生态学
  报, 17: 597-601.

王蕾, 哈斯, 刘连友, 等. 2006b. 北京市春季天气状况对针叶树叶面颗粒物附着密度的影响. 生
  态学杂志, 25(8): 998-1002.

王蕾, 哈斯, 刘连友, 等. 2007. 北京市六种针叶树叶面附着颗粒物的理化特征. 应用生态学报,
  18(3): 487-492.

王庆海, 段留生, 武菊英, 等. 2008. 北京地区人工湿地植物活力及污染物去除能力. 应用生态
  学报, 19(5): 1131-1137.

王淑兰, 柴发合, 杨天行. 2002. 北京市不同尺度大气颗粒物元素组成的特征分析. 环境科学研
  究, 4: 10-12.

王希群, 马履一, 张永福. 2006. 北京地区油松, 侧柏人工林叶面积指数变化规律. 生态学杂志,
  25(12): 1486-1489.

王羽亭. 1983. 环境学导论. 北京: 清华大学出版社.

王赞红, 李纪标. 2006. 城市街道常绿灌木植物叶片滞尘能力及滞尘颗粒物形态. 生态环境,
  15(2): 327-330.

韦雪花, 王佳, 冯仲科. 2013. 北京市 13 个常见树种胸径估测研究. 北京林业大学学报, 35(5):
  56-63.

魏成, 刘平, 秦晶. 2008. 不同基质和不同植物对人工湿地净化效率的影响. 生态学报, 28(8):
  3691-3697.

吴楚材, 郑群明, 钟林生. 2001. 森林游憩区空气负离子水平的研究. 林业科学, 37(5): 75-81.

吴楚材, 钟林生, 刘晓明. 1998. 马尾松纯林分因子对空气负离子浓度影响的研究. 中南林学
  院学报, 18(1): 70-73.

吴兑, 邓雪娇, 毕雪岩, 等. 2007. 细粒子污染形成灰霾天气导致广州地区能见度下降. 热带气
  象学报. 23(1): 1-7.

吴兑. 2012. 近十年中国灰霾天气研究综述. 环境科学学报, 32(2): 257-269.

吴海龙, 余新晓, 师忱, 等. 2012. PM$_{2.5}$特征及森林植被对其调控研究进展. 中国水土保护科学, 10(6): 116-122.

吴建强, 丁玲. 2006. 不同植物的表面流人工湿地系统对污染物的去除效果. 环境污染与防治, 28(6): 432-434.

吴穹. 2011. 秭归县退耕还林工程效益评价. 北京林业大学硕士学位论文.

吴晓成, 张秋良, 臧润国, 等. 2009. 额尔齐斯河天然杨树林叶面积指数及比叶面积的研究. 西北林学院学报, 24(4): 10-15.

吴志萍, 王成, 侯晓静, 等. 2008. 6 种城市绿地空气 PM$_{2.5}$ 浓度变化规律的研究. 安徽农业大学学报, 35(4): 494-498.

吴志湘, 黄翔, 黄春松, 等. 2007. 空气负离子浓度的实验研究. 西安工程科技学院学报, 21(6): 803-806.

向志民, 何敏. 1994. 几种杨树生长进程动态分析. 西北林学院学报, 9(2): 82-86.

肖思思, 吴春笃, 储金宇, 等. 2012. 城市湿地主导生态系统服务功能及价值评估——以江苏省镇江市为例. 水土保持通报, 32(2): 195-205.

肖兴威, 姚昌恬, 陈雪峰. 2005. 美国森林资源清查的基本做法和启示. 林业资源管理, 2: 27-42.

谢高地, 鲁春霞, 冷允法, 等. 2003. 青藏高原生态资产的价值评估. 自然资源学报, 18(2): 189-196.

谢骅, 黄世鸿, 李联盟, 等. 1998. 陕西气溶胶总悬浮颗粒物来源解析. 气象, 24(7): 25-28.

熊媛. 2014. 浅谈中国城市大气污染防治. 能源与节能, 6: 108-109.

徐莉, 李艳红. 2014. 乌鲁木齐大气降尘环境磁学特征. 干旱区地理, 2(37): 274-280.

徐晴. 2008. 黄河三角洲湿地资源现状与生态系统服务价值评估. 北京林业大学硕士学位论文.

许东新. 2008. 上海城市森林生态效应评价及结构优化布局研究. 南京林业大学博士学位论文.

许炯心, 孙季. 2003. 黄河下游 2300 年以来沉积速率的变化. 地理学报, 58(2): 247-254.

闫涵, 高会旺, 姚小红, 等. 2012. 沙尘传输路径上气溶胶浓度与干沉降通量的粒径分布特征. 气候与环境研究, 17(2): 205-214.

杨阿强, 孙国清, 卢立新, 等. 2011. 基于 MODIS 资料的中国东部时间序列空气动力学粗糙度和零平面位移高度估算. 气象科学, 31(4): 516-524.

杨洪斌, 邹旭东, 汪宏宇, 等. 2012. 大气环境中 PM$_{2.5}$ 的研究进展与展望. 气象与环境学报, 28(3): 77-82.

杨建军. 1995. 不同粒径大气颗粒物中金属元素含量及其免疫毒性研究. 环境与健康杂志, 2(4): 155-157.

杨洁, 毕军, 张海燕, 等. 2010. 中国污染事故发生于经济发展的动态关系. 中国环境科学, 30(4): 571-576.

杨书申, 邵龙义. 2007. 大气细颗粒物的透射电子显微镜研究. 环境科学学报, 27(2): 185-189.

杨新兴, 尉鹏, 冯丽华. 2013. 大气颗粒物 PM$_{2.5}$ 及其源解析. 前沿科学, 7(26): 12-19.

杨勇杰, 王跃思, 温天雪, 等. 2008. 北京市大气颗粒物中 PM$_{10}$ 和 PM$_{2.5}$ 质量浓度及其化学组分的特征分析. 环境化学, 27(1): 117-118.

叶荣华. 2003. 美国国家森林资源清查体系的新设计. 林业资源管理, 3(6): 65-68.

于建华, 虞统, 杨晓光, 等. 2004. 北京冬季 PM$_{2.5}$ 中元素碳、有机碳的污染特征. 环境科学, 17(1): 48-55.

于阳春, 董灿, 王新峰, 等. 2011. 济南市秋季大气颗粒物中水溶性离子的粒径分布研究. 中国环境科学, 31(4): 561-567.

俞立中. 1999. 环境磁学在城市污染研究中的应用. 上海环境科学, 18(4): 175-178.

张春霞, 黄宝春, 李震宇, 等. 2006. 高速公路附近叶片的磁学性质对其环境污染的指示意义. 科学通报, 12(51): 1459-1468.

张华, 武晶, 孙才志, 等. 2008. 辽宁省湿地生态系统服务功能价值测评. 资源科学, 30(2): 267-273.

张会儒, 唐守正, 王彦辉. 2002. 德国森林资源和环境监测技术体系及其借鉴. 世界林业研究, 15(2): 63-70.

张丽丽, 张玉清. 2008. 基于分布式计算的RC4加密算法的暴力破解. 计算机工程与科学, 30(7): 15-17.

张茜, 陈静. 2013. 中国城市大气污染现状及防治措施. 能源与环境科学, 28(3): 77-82.

张维康, 王兵, 牛香. 2015. 北京市不同污染地区园林植物对空气颗粒物的滞纳能力. 环境科学, 36(7): 2381-2388.

张文丽, 徐东群, 崔九思. 2002. 空气细颗粒物($PM_{2.5}$)污染特征及其毒性机制的研究进展. 中国环境监测, 18(1): 59-63.

张小霓. 2004. 电导率法评定阻垢及碳酸钙结晶动力学研究. 武汉大学硕士学位论文.

张新献, 顾润泽, 陈自新, 等. 1997. 北京城市居住区绿地的滞尘效益. 北京林业大学学报, 19(4): 12-17.

张艳, 王体健, 胡正义, 等. 2004. 典型大气污染物在不同下垫面上干沉积速率的动态变化及空间分布. 气候与环境研究, 9(12): 591-604.

张艳红, 邓伟. 2002. 河流洪泛湿地的功能特征及综合开发利用——以向海湿地为例. 国土与自然资源研究, 1: 51-53.

张志丹, 席本野, 曹治国, 等. 2014. 植物叶片吸滞$PM_{2.5}$等大气颗粒物定量研究方法初探——以毛白杨叶片为例. 应用生态学报, 25(8): 1-5.

赵晨曦, 王玉杰, 王云琦, 等. 2013. 细颗粒物($PM_{2.5}$)与植被关系的研究综述. 生态学杂志, 32(8): 2203-2210.

赵士洞. 2004. 美国长期生态研究计划: 背景、进展和前景. 地理科学进展, 19(5): 840-844.

赵雄伟, 李春友, 葛静茹, 等. 2007. 森林环境中空气负离子研究进展. 西北林学院学报, 22(2): 57-61.

赵玉丽, 杨利民, 王秋泉. 2005. 植物——实时富集大气持久性有机污染物的被动采样平台. 环境化学, 24(3): 233-240.

郑玫, 张延君, 闫才青, 等. 2013. 中国 $PM_{2.5}$ 来源解析方法综述. 北京大学学报, 50(6): 1141-1154.

郑妍. 2006. 北京市区尘土与表土磁性差异及其环境学意义. 中国地质大学硕士学位论文.

中国环境保护部. 2012. 2012年中国环境状况公告. 北京: 中国环境保护部.

中国环境保护部. 2013. 2013年中国环境状况公告. 北京: 中国环境保护部.

中国环境保护部. 2014. 2014年中国环境状况公告. 北京: 中国环境保护部.

中国科学院. 2013. 2013中国可持续发展战略报告. 北京: 科学出版社.

中国科学院. 2014. 2014中国可持续发展战略报告. 北京: 科学出版社.

中国科学院. 2015. 2015中国可持续发展战略报告. 北京: 科学出版社.

周斌, 余树全, 张超, 等. 2011. 不同树种林分对空气负离子浓度的影响. 浙江农林大学学报, 28(2): 200-206.

周莉, 李保国, 周广胜. 2005. 土壤有机碳的主导影响因子及其研究进展. 地球科学进展, 20(1): 99-104.

周维博. 2004. 关中地区水资源可持续开发利用对策. 水利水电科技进展, 24(4): 1-4.

周文娟, 杨小强, 周永章. 2006. 环境磁学磁性参数简介. 中山大学研究生学刊: 自然科学与医学版, 27(1): 82-89.

朱坦, 白志鹏, 陈威. 1995. 秦皇岛大气颗粒物来源解析研究. 环境科学研究, 8(5): 49-55.

Aboal J R, Fernández J A, Carballeira A. 2004. Oak leaves and pine needles as biomonitors of airborne trace elements pollution. Environmental and Experimental Botany, 51: 215-225.

Amann M, Klimont Z, Wagner F. 2013. Regional and global emissions of air pollutants: Recent trends and future scenarios. Annual Review of Environment and Resources, 38: 31-55.

Bazzaz F A. 1996. Plants in changing environments. CAMBRIDGE – PRINT ON.

Beckett K P, Freer Smith P H, Taylor G. 2000b. Particulate pollution capture by urban trees: effect of species and windspeed. Global change biology, 6(8): 995-1003.

Beckett K P, Freer-Smith P H, Taylor G. 1998. Urban woodlands: their role in reducing the effects of particulate pollution. Environmental pollution, 99: 347-360.

Beckett K P, Freer-Smith P H, Taylor G. 2000a. Effective tree species for local air quality management. Journal of Arboriculture, 26(1): 12-19.

Brandt C J, Rhoades R W. 1973. Effects of limestone dust accumulation on lateral growth of forest trees. Environmental Pollution, 4(3): 207-213.

Burtraw D A, Krupnick K, Palmer A, et al. 2003. Ancillary benefits of reduced air pollution in the US from moderate greenhouse gas mitigation policies in the electricity sector. Journal of Environmental Economics and Management, 45(3): 650-673.

Buseck P, Posfai M. 1999. Airborne minerals and related aerosol particles: Effects on climate and the environment. Proceeding of Nation Academics Science USA, 96: 3372-3379.

Chamberlain A C. 1975. The Movement of Particles in Plant Communities. London: Academic Press.

Chan Y C, Simpson R W. 1999. Source apportionment of $PM_{2.5}$ and PM_{10} aerosols in Brisbane(Australia)by receptor model. Atmospheric Environment, 33: 3251- 3268.

Chapman R S, Watkinson W P, Dreher K L, et al. 1997. Ambient particulate matter and respiratory and cardiovascular illness in adults: particle-borne transition metals and the heart-lung axis. Environmental Toxicology and Pharmacology, 4: 331-338.

Chazdon R L. 2008. Beyond deforestation: restoring forests and ecosystem services on degraded lands. Science, 320: 1458-1460.

Chen B, Lu S W, Wang B. 2015. Impact of fine particulate fluctuation and other variables on Beijing's air quality index. Environ Sci Pollut Res, 22: 5139-5151.

Chen L X, Liu C M, Zou R，et al. 2016. Experimental examination of effectiveness of vegetation as bio-filter of particulate matters in the urban environment. Environmental Pollution, 208(Part A): 198-208.

Cheng M T, Horng C L, Lin Y C. 2007. Characteristics of atmospheric aerosol and acidic gases from urban and forest sites in central Taiwan. Bulletin of Environmental Contamination and Toxicology, 79(6): 674-677.

Chmura G L, Anisfeld S C, Cahoon D R. 2003. Global carbon sequestration in tidal, saline wetland soils. Global Biogeochemical Cycles, 17: 1111.

Clark N A, Demers P A, Karr C J, et al. 2010. Effect of early life exposure to air pollution on development of childhood asthma. Environmental Health Perspectives, 188(2): 284-290.

Coleman J, Hench K, Garbutt A. 2001. Treatment of domestic wastewater by three plant species in constructed wetlands. Air and Soil Pollution, 128(3): 283-295.

Collins M E, Kuehl R J. 2000. Organic matter accumulation in organic soil//Richardson J L, Vepraskas M J. Wetland soils: genesis, hydrology, landscapes, and classification. Boca Raton, Florida: CRC Press: 137-162.

Craft C B. 2007. Freshwater input structures soil properties, vertical accretion, and nutrient accumulation of Georgia and U. S. tidal marshes. Limnology and Oceanography, 52(3): 1220-1230.

Daily G C, Matson P A. 2008. Ecosystem services: From the orytoim plementation. Proceedings of the National Academy of Sciences United States, 105: 9455-9456.

Dockery D W, Pope C A, Xu X P, et al. 1993. An association between air pollution and mortality in six U.S. cities. The New England Journal of Medicine, 329(24): 1753-1759.

Donovan R G. 2003. The development of an urban tree air quality score (UTAQS) and its application in a case study. Lancaster: Department of Environmental Sciences, Lancaster University.

Dzierżanowski K, Popek R, Gawrońska H, et al. 2011. Deposition of particulate matter of different size fractions on leaf surfaces and in waxes of urban forest species. International Journal of Phytoremediation, 13(10): 1037-1046.

Elena P, Tommaso B, Gianluca G, et al. 2011. Air quality impact of an urban park over time. Urban Environmental Pollution, 4: 10-16.

El-Khatib A A, Abd El-Rahman A M, Elsheikh O M. 2011. Leaf geometric design of urban trees: potentiality to capture airborne particle pollutants. Journal of Environmental Studies, 7: 49-59.

Erisman J W, Draaijers G. 2003. Deposition to forests in Europe: most important factors influencing dry deposition and models used for generalistion. Environmental Pollution, 124(3): 379-388.

Ervin D, Brown D, Chang H, et al. 2012. Growing cities depend one ecosystem services. Solutions, 2, 74-86.

Fang J Y, Chen A P, Peng C H, et al. 2001. Changes in forest biomass carbon storage in China between 1949 and 1998. Science, 292: 2320-2322.

Fine P M, Cass G R, Simoneit B R T. 2004. Chemical characterization of fine particle emissions from the wood stove combustion of prevalent United States tree species. Environmental Engineering, 6: 705-721.

Fowler D, Cape J N, Unsworth M H. 1989. Deposition of atmospheric pollutants on forests. Philosophical Transactions of the Royal Society B, 324(1223): 247-265.

Fowler D, Skiba U, Nemitz E, et al. 2004. Measuring aerosol and heavy metal deposition on urban woodland and grass using inventories of 210Pb and metal concentrations in soil.Water, Air and Soil Pollution: Focus, 4(2-3): 483-499.

Freer-Smith P H, El-Khatib A A, Taylor G. 2004. Capture of particulate pollution by trees: a comparison of species typiaca of semi-arid areas(ficus nitida and eucalyptus globulus)with European and north American species. Water, Air, and Soil Pollution, 155: 173-187.

García-Mozo H, Perez-Badia R, Fernandez-Gonzalez F, et al. 2006. Airborne pollen sampling in Toledo, central Spain. Aerobiologia, 22(1): 55-66.

Gehrig R, Buchmann B. 2003. Characterizing seasonal variations and spatial distribution of ambient PM_{10} and $PM_{2.5}$ concentrations based on long-term Swiss monitoring data. Atmospheric Environment, 37(19): 2571-2580.

Grantz D A, Garner J H B, Johnson D W. 2003. Ecological effects of particulate matter. Environment International, 29(2-3): 213-239.

Grazia M, Marcazzan S V, Gianluigi V, et al. 2001.Characterization of PM_{10} and $PM_{2.5}$ particulate matter in the ambient air of Milan (Italy). Atmospheric Environment, 35: 4639-4650.

Grundström M, Hak C, Chen D, et al. 2015. Variation and co-variation of PM_{10}, particle number concentration, NO_x, and NO_2, in the urban air—Relationships with wind speed, vertical temperature gradient and weather type. Atmospheric Environment, 120: 317-327.

He K B, Yang F M, Ma Y L, et al. 2001. The characteristics of $PM_{2.5}$ in Beijing, China. Atmospheric Environment, 35(29): 4959-4970.

Hewitt N. 2003. Trees are city cleaners. Sylva/Tree News, 1-2.

Hofman J, Stokkaer I, Snauwaert L, et al. 2013. Spatial distribution assessment of particulate matter in an urban street canyon using biomagnetic leaf monitoring of tree crown deposited particles. Environmental Pollution, 183: 123-132.

Hofman J, Wuyts K, Van Wittenberghe S, et al. 2014. Reprint of on the link between biomagnetic monitoring and leaf-deposited dust load of urban trees: Relationships and spatial variability of different particle size fractions. Environmental Pollution, 192: 285-294.

Hwang H, Yook S, Ahn K. 2011. Experimental investigation of submicron and ultrafine soot particle removal by tree leaves. Atmospheric Environment, 45(38): 6987-6994.

Hyvrinen A P, Kolmonen P, Kerminen V M, et al. 2011. Aerosol black carbon at five background measurement sites over. Atmospheric Environment, 45: 4042-4050.

Jacob D J, Winner D A. 2009. Effect of climate change on air quality. Atmospheric Environment, 43: 51-63.

Jeanjean A P R, Monks P S, Leigh R J. 2016. Modeling the effectiveness of urban trees and grass on $PM_{2.5}$ reductions via dispersion and deposition at a city scale. Atmospheric Environment, 147: 1-10.

Joachim M, Benis E, Louise W, et al. 2012. Mapping ecosystem services for policy support and decision. European Union Ecosystem Services, 1: 31-39.

Kadlec H R. 1996. Treatment wetlands. Boca Raton, FL: Lewis Publishers.

Kaiser J, Granmar M. 2005. Mounting evidence indicts fine-particle pollution. Science, 3077: 1857-1861.

Kajetan D, Robert P, Helena G, et al. 2011. Deposition of particulate matter of different size fractions on leaf surfaces and in waxes of urban forest species. International Journal of Phytoremediation, 13: 1037-1046.

Kamoi S, Suzuki H, Yano Y, et al. 2014. Tree and forest effects on air quality and human health in the United States. Environmental Pollution, 193(4): 119-129.

Kareiva P T, Hicketts T H, Daily G C, et al. 2011. Natural Capital: Theory and Practice of Mapping Ecosystem Services. New York: Oxford University Press.

Kazuhide M, Yoshifumi F, Kentaro H, et al. 2010. Deposition velocity of $PM_{2.5}$ sulfate in the summer above a deciduous forest in central Japan. Atmospheric Environment, 44: 4582-4587.

Klos R J. 2009. Drought impact on forest growth and mortality in the southeast USA: an analysis using forest health and monitoring data. Ecological Applications, 19(3): 699-708.

Kourtchev I, Warnke J, Maenhaut W. 2008. Polar organic marker compounds in $PM_{2.5}$ aerosol from a mixed forest site in western Germany. Chemosphere, 73: 1308-1314.

Leonard R J, Mcarthur C, Hochuli D F. 2016. Particulate matter deposition on roadside plants and the importance of leaf trait combinations. Urban Forestry & Urban Greening, 20: 249-253.

Leuzinger S, Vogt R, Körner C. 2010. Tree surface temperature in an urban environment. Agricultural and Forest Meteorology, 150(1): 56-62.

Li J, Guttikunda S K, Carmichael G R, et al. 2004. Quantifying the human health benefits of curbing air pollution in Shanghai. Journal of Environmental Management, 70(1): 49-62.

Li L, Wang W, Feng J L. 2010. Composition, source, mass closure of $PM_{2.5}$ aerosols for four forests in eastern China. Journal of Environmental Sciences, 22(3): 405-412.

Liu J G, Li S X, Ouyang Z Y, et al. 2008. Ecological and socioeconomic effects of China's policies for ecosystem services. Proceedings of the National Academy of Sciences, 105(28): 9477-9482.

MA(Millennium Ecosystem Assessment). 2005. Ecosystem and Human Well-Being: Synthesis. Washington DC: Island Press.

Mamane Y, Noll K E. 1985. Characterization of large particles at a rural site in the eastern United States: Mass distribution and individual particle analysis. Atmospheric Environment, 19(11): 811.

Masahiro S, Kohji M. 2004. Dry deposition fluxes and deposition velocities of trace metals in the

Tokyo metropolitan area measured with a water surface sampler. Environmental Science &Technology, 38: 2190-2197.

McCrone W C, Delly J G. 1973. The Particle Atlas, Edition Two. Ann Arbor Science Publishers Inc, Ann Arbor, MI: 24-89.

McDonald A G, Bealey W J, Fowler D. 2007. Quantifying the effect of urban tree planting on concentrations and depositions of PM_{10} in two UK conurbations. Atmospheric Environment, 41: 8455-8467.

Mcpherson E G, Nowak D J. 1993. Value of urban greenspace for air quality improvement: Lincoln Park, Chicago. Arborist, 2(6): 30-32.

Mitchell B W, King D J. 1994. Effect of negative air ionization on air-borne transmission of new gastric disease virus. Avian Dis, 38: 725-732.

Mitchell R, Maher B A, Kinnersley R. 2010. Rates of particulate pollution deposition onto leaf surfaces: Temporal and inter-species magnetic analyses. Environmental Pollution, 158(5): 1472-1478.

Neinhuis C, Barthlott W. 1998. Seasonal changes of leaf surface contamination in beech, oak, and ginkgo in relation to leaf micromorphology and wettability. New Phytologist, 138(1): 91-98.

Niu X, Wang B, Liu S R. 2012. Economic assessment of forest ecosystem services in China: characteristic and implications. Ecological Complexity, 11: 1-11.

Niu X, Wang B, Wei W J. 2013. Chinese forest ecosystem research network: a platform for observing and studying sustainable forestry. Journal of Food, Agriculture & Environment, 11(2): 1008-1016.

Nowak D J, Crane D E, Stevens J C. 2006. Air pollution removal by urban trees and shrubs in the united states. Urban Forestry & Urban Greening, 4: 115-123.

Nowak D J, Crane D E. 2002. Carbon storage and sequestration by urban trees in the USA. Environmental Pollution, 116: 381-389.

Nowak D J, Hirabayashi S, Bodine A, et al. 2013. Modeled $PM_{2.5}$ removal by trees in ten US cities and associated health effects. Environmental Pollution, 178: 395-402.

Odum E P. 1985. Trends expected in stressed ecosystems. BioScience, 35(7): 419-422.

Okubo K, Gotoh M, Shimada K, et al. 2005.Fexofenadine improves the quality of life and work productivity in Japanese patients with seasonal allergic rhinitis during the peak cedar pollutions season. International Archives of Allergy and Immunology, 136(2): 148-154.

Owen S M, Mackenzie A R, Stewart H, et al. 2003.Biogenic volatile organic compound (VOC) emission estimates from an urban tree canopy. Ecological Applications, 13(4): 927-938.

Pal A, Kulshreshtha K, Ahmad K J, et al. 2002. Do leaf surface characters play a role in plant resistance to auto-exhaust pollution? Flora-Morphology, Distribution, Functional Ecology of Plants, 197(1): 47-55.

Palmer M, Bernhardt E, Chornesky E, et al. 2004. Ecology for a crowded planet. Science, 304(5675): 1251-1252.

Pandey S, Nagar P K. 2003. Patterns of leaf surface wetness in some important medicinal and aromatic plants of Western Himalaya. Flora-Morphology, Distribution, Functional Ecology of Plants, 198(5): 349-357.

Paoletti L, Diociaiuti M, Berardis B, et al. 1999.Characterization of aerosol individual particles in controlled underground area. Atmospheric Environment, 33: 3603-3611.

Petroff A, Mailliat A, Amielh M, et al. 2008. Aerosol dry deposition on vegetative canopies. Part II: a new modeling approach and applications. Atmospheric Environment, 42: 3654-3683.

Pope C A, Thun M J, Namboodiri M M, et al. 1995. Particulate air pollution as a predictor of mortality in a prospective study of U. S. adults. American Journal of Respiratory and Critical

Care Medicine, 151(3): 669-674.

Powe N A, Willis K G. 2004. Mortality and morbidity benefits of air pollution (SO₂ and PM₁₀) absorption attributable to woodland in Britain. Journal of Environmental Management, 70: 119-128.

Pullman M R. 2009.Conifer PM₂.₅ deposition and re-suspension in wind and rain events. Ithaca: Cornell University.

Rai P K. 2016. Impacts of particulate matter pollution on plants: implications for environmental biomonitoring. Ecotoxicology & Environmental Safety, 129: 120-136.

Räsänen J V, Holopainen T, Joutsensaari J, et al. 2014. Particle capture efficiency of different-aged needles of Norway spruce under moderate and severe drought. Canadian Journal of Forest Research, 44(7): 831-835.

Riemann R, Wilson B T, Lister A, et al. 2010. An effective assessment protocol for continuous geospatial datasets of forest characteristics using USFS Forest Inventory and Analysis (FIA) data. Remote Sensing of Environment, 114: 2337-2352.

Rubin E S, Michael B. 2001. Berkenpas and Alex Farrell. multi-pollutant emission control of electric power plants. The EPA Symposium, 8: 20-23.

Sæbø A, Popek R, Nawrot B, et al. 2012. Plant species differences in particulate matter accumulation on leaf surfaces. Science of the Total Environment, 427: 347-354.

Savoy P, Mackay D S. 2015. Modeling the seasonal dynamics of leaf area index based on environmental constraints to canopy development. Agricultural and Forest Meteorology, 200: 46-56.

Schwartz J. 1994. What are people dying on high air pollution days? Environmental Research, 64: 26-35.

Scott K I, McPherson E G, Simpson J R. 1998. Air pollutant uptake by Sacramento's urban forest. Journal of Arboriculture (USA), 24(4): 224-228.

Sehwela D. 2000. Air pollution and health in urban areas. Review of Environmental Health, 15(2): 13-22.

Seinfeld J H. 1975. Air pollution physical and chemical fundamentals. New York: McGraw-Hill: 1-523.

Seyyedneja S M, Niknejad M, Koochak H. 2011. A review of some different effects of air pollution on plants. Research Journal of Environmental Sciences, 5(4): 302-309.

Smith L C, Macdonald G M, Velichko A A, et al. 2004. Siberian peat lands a net carbon sink and global methane source since the Early Holocene. Science, 303(656): 353-356.

Smith W H. 1984. Pollutant uptake by plants. Treshow, M.(Ed.): 417-450.

Song Y S, Barbara Maher, Li F, et al. 2015. Particulate matter deposited on leaf of five evergreen species in Beijing, China: source identification and size distribution. Atmospheric Environment, 105(1): 53-60.

Song Y, Tang X Y, Fang C, et al. 2002. Source apportionment on fine particles in Beijing. Environmental Science, 23(6): 11-16.

Sutton M A, Dragosits U, Theobald M R, et al. 2004. The role of trees in landscape planning to reduce the impacts of atmospheric ammonia deposition//Smithers R. Farm Woodland Conference. Landscape Ecology of Trees and Forests: 143-150.

Terzaghi E, Wild E, Zacchello G, et al. 2013. Forest filter effect: role of leaves in capturing/releasing air particulate matter and its associated PAHs. Atmospheric Environment, 74: 378-384.

Thurston G D, Ito K, Lall R. 2011. A source apportionment of U. S. fine particulate matter air pollution. Atmospheric Environment, 45: 3924-3936.

Tikhonov V P, Tsvetkov V D, Litvinova E G. 2004. Russian generation of negative air ions by plants upon pulsed electrical stimulation applied to soil. Journal of Plant Physiology, 51(3): 414-419.

Tiwary A, Morvan H P, Colls J J. 2006. Modelling the size-dependent collection efficiency of hedgerows for ambient aerosols. Journal of Aerosol Science, 37: 990-1015.

Tomašević M, Vukmirović Z, Rajšić S, et al. 2005. Characterization of trace metal particles deposited on some deciduous tree leaves in an urban area. Chemosphere, 61(6): 753-760.

Tong S T Y. 1991. The retention of copper and lead particulate matter in plant foliage and forest soil. Environment International, 17: 31-37.

Trettin C C, Jurgensen M F. 2003. Carbon cycling in wetland forest soils//Kimble J M, Birdsie R, Lal R. The potential of U. S. forest soils to sequester carbon and mitigate the greenhouse effect. Boca Raton, Florida: CRC Press: 311-331.

Vedal S. 1997. Ambient particles and health: lines that divide. Journal of Air & Waste Management Association, 47: 551-581.

Wang B, Cui X H, Yang F W. 2004. Chinese Forest Ecosystem Research Network (CFERN) and its development. China E-Publishing, 4: 84-91.

Wang H X, Shi H, Li Y, et al. 2013. Seasonal variations in leaf capturing of particulate matter, surface wettability and micromorphology in urban tree species. Frontiers of Environmental Science & Engineering, 7(4): 579-588.

Wang L, Liu L Y, Gao S Y, et al. 2006. Physicochemical characteristics of ambient particles settling upon leaf surfaces of urban plants in Beijing. Journal of Environmental Sciences, 18: 921-926.

Wissal Selmia, Christiane Weber, Emmanuel Rivière, et al. 2016. Air pollution removal by trees in public green spaces in Strasbourg city, France. Urban Forestry & Urban Greening, 17: 192-201.

Woodall C W, Morin R S, Steinman J R. 2010. Comparing evaluations of forest health based on aerial surveys and field inventories: Oak forests in the Northern United States. Ecological Indicators, 10(3): 713-718.

Yang F, Tan J, Zhao Q, et al. 2011. Characteristics of $PM_{2.5}$ speciation in representative megacities and across China. Atmospheric Chemistry and Physics, 11(11): 5207-5219.

Yang J, Chang Y M, Yan P B. 2015. Ranking the suitability of common urban tree species for controlling $PM_{2.5}$ pollution. Atmospheric Pollution Research, 6(2): 267-277.

Yu X X. 2014. Deposition of particulate matter of different size fractions on leaf surfaces and in epicuticular waxes of urban forest species in summer and fall in Beijing, China. International Journal of Sciences, 3: 12-22.

Zeger S L, Dominici F, McDermott A, et al. 2008. Mortality in the medicare population and chronic exposure to fine particulate air pollution in urban centers (2000–2005). Environmental Health Perspectives, 116: 1614-1619.

Zhang W K, Wang B, Niu X. 2015. Study on the adsorption capacities for airborne particulates of landscape plants in different polluted regions in Beijing (China). Environmental Research and Public Health, 12: 9623-9638.

Zheng M, Cass G R, Schauer J J, et al. 2002. Source apportionment of $PM_{2.5}$ in the southeastern United States using solvent-extractable organic compounds as tracers. Environ Sci Technol, 36: 2361-2371.

Zheng M, Salmon L G, James J, et al. 2000. Seasonal trends in $PM_{2.5}$ source contributions in Beijing, China. Atmospheric Environment, 39: 3967-3976.

附录1 名 词 术 语

森林治污减霾功能

指森林生态系统通过吸附、吸收、固定、转化等物理和生理生化过程，实现对空气颗粒物（$PM_{2.5}$、PM_{10} 和 TSP 等）、气体污染物（SO_2、CO、HF、NO_x 等）的消减作用，能够提供空气负离子、吸收二氧化碳并释放氧气，从而达到改善区域空气质量的功能。

颗粒物再悬浮法

指将叶片表面附着的颗粒物在密闭室内经过强风吹蚀，使叶片表面附着的颗粒物从表面脱落重新释放到空气中，在空气中再悬浮形成气溶胶，通过测试空气中颗粒物浓度前后的变化，结合测试样本的叶面积，推算叶片表面滞纳颗粒物能力的方法。

叶面积指数

指单位土地面积上植物叶片总面积与土地面积之比，即叶面积指数=叶片总面积/土地面积。

饱和滞纳量

指树种单位面积叶片上滞纳颗粒物所能达到的最大量。

年洗脱次数

指在一年内超过有效降雨的次数。

气溶胶再发生器

依据溶胶再悬浮原理研发的能够检测不同树种单位叶面积上所滞纳的颗粒物。

有效降雨

指随着降雨量的增加，叶片上滞纳的颗粒物逐渐减少直至达到一个平衡值，即随着降雨量的增加对叶片上颗粒物洗脱作用不再加强，此时的降雨量是有效降雨量。

生态系统功能

指生态系统的自然过程和组分直接或间接地提供产品和服务的能力，包括生态系统服务功能和非生态系统服务功能。

生态系统服务

生态系统中可以直接或间接地为人类提供的各种惠益，生态系统服务建立在生态系统功能的基础之上，森林生态系统服务特指除木材、林产品外森林所提供的各种服务。

森林治污减霾功能连续观测与定期清查

森林治污减霾功能连续观测与定期清查（简称"森林治污减霾生态连清"）是以生态地理区划为单位，以国家现有森林生态站为依托，采用长期定位观测技术和分布式测算方法，定期对同一森林的治污减霾功能指标进行重复的连续观测与定期清查，它与森林资源连续清查耦合，用以评价一定时期内森林治污减霾功能及动态变化。

森林生态功能修正系数

基于森林生物量决定林分的生态质量这一生态学原理，森林生态功能修正系数是指评估林分生物量和实测林分生物量的比值。反映森林生态服务评估区域森林的生态质量状况，还可通过森林生态功能的变化修正森林生态服务的变化。

雾霾

"雾霾"是对"雾"和"霾"两种天气情况的合称，常发生在高污染环境条件下。"雾"是大气中悬浮的水滴或冰晶的集合体，"雾"出现时，能见度小于1000m。"霾"是均匀悬浮于大气中的极细微干尘粒，能令空气混浊，能见度小于10km。由于"雾"和"霾"在特定的气象条件下会相互转化，且通常交替出现，"雾霾"渐渐成为一个常用词汇。雾霾形成与空气中粒径较小的细粒子有直接关系。

湿沉降

是指通过降水作用降落到地面的大气污染物，沉降量相对集中。湿沉降对于直径小于 $2\mu m$ 的颗粒物的沉降作用不大。

干沉降

是在没有降水的条件下，空气颗粒物通过湍流输送和重力作用向地面沉降的过程。

大气降尘

指空气环境条件下，由于自身的重力作用自然沉降在集尘缸中的颗粒物，一般粒径大于 $10\mu m$，单位为 $t/(km^2 \cdot 月)$。

总悬浮颗粒物

指环境空气中空气动力学直径小于 100μm 的颗粒物。

PM₁₀

指环境空气中空气动力学直径小于或等于 10μm 的颗粒物(约相当于人的头发丝粗细的 1/5)，也称可吸入颗粒物。

PM_{2.5}

指环境空气中空气动力学直径小于或等于 2.5μm 的颗粒物（不到人的头发丝粗细的 1/20），会通过呼吸道，到达人的肺部，直接进入肺泡，也称可入肺颗粒物。

附录 2 IPCC 推荐使用的木材密度（D）

气候带	树种组	$D/$（t/m^2）	气候带	树种组	$D/$（t/m^2）
北方生物带、温带	冷杉	0.40	热带	陆均松	0.46
	云杉	0.40		鸡毛松	0.46
	铁杉柏木	0.42		加勒比松	0.48
	落叶松	0.49		楠木	0.64
	其他松类	0.41		花榈木	0.67
	胡桃	0.53		桃花心木	0.51
	栎类	0.58		橡胶	0.53
	桦木	0.51		楝树	0.58
	槭树	0.52		椿树	0.43
	樱桃	0.49		柠檬桉	0.64
	其他硬阔类	0.53		木麻黄	0.83
	椴树	0.43		含笑	0.43
	杨树	0.35		杜英	0.40
	柳树	0.45		猴欢喜	0.53
	其他软阔类	0.41		银合欢	0.64

注：IPCC 指联合国政府间气候变化专门委员会；引自 IPCC（2003）；木材密度=干物质的质量/鲜材积

附录 3　IPCC 推荐使用的生物量转换因子（BEF）

编号	a	b	森林类型	R^2	备注
1	0.46	47.50	冷杉、云杉	0.98	针叶树种
2	1.07	10.24	桦木	0.70	阔叶树种
3	0.74	3.24	木麻黄	0.95	阔叶树种
4	0.40	22.54	杉木	0.95	针叶树种
5	0.61	46.15	柏木	0.96	针叶树种
6	1.15	8.55	栎类	0.98	阔叶树种
7	0.89	4.55	桉树	0.80	阔叶树种
8	0.61	33.81	落叶松	0.82	针叶树种
9	1.04	8.06	樟木、楠木、槠、青冈	0.89	阔叶树种
10	0.81	18.47	针阔混交林	0.99	混交树种
11	0.63	91.00	檫树落叶阔叶混交林	0.86	混交树种
12	0.76	8.31	杂木	0.98	阔叶树种
13	0.59	18.74	华山松	0.91	针叶树种
14	0.52	18.22	红松	0.90	针叶树种
15	0.51	1.05	马尾松、云南松	0.92	针叶树种
16	1.09	2.00	樟子松	0.98	针叶树种
17	0.76	5.09	油松	0.96	针叶树种
18	0.52	33.24	其他松林	0.94	针叶树种
19	0.48	30.60	杨树	0.87	阔叶树种
20	0.42	41.33	铁杉、柳杉、油杉	0.89	针叶树种
21	0.80	0.42	热带雨林	0.87	阔叶树种

注：引自 Fang 等（2001）；生物量转换因子计算公式为 $B = aV + b$，其中，B 为单位面积生物量，V 为单位面积蓄积量，a、b 为常数；表中 R^2 为相关系数

附录 4　不同树种组单木生物量模型及参数

序号	公式	树种组	建模样本数	模型参数	
				a	b
1	$B/V=a\,(D^2H)^{b}$	杉木类	50	0.788 432	−0.069 959
2	$B/V=a\,(D^2H)^{b}$	马尾松	51	0.343 589	0.058 413
3	$B/V=a\,(D^2H)^{b}$	南方阔叶类	54	0.889 290	−0.013 555
4	$B/V=a\,(D^2H)^{b}$	红松	23	0.390 374	0.017 299
5	$B/V=a\,(D^2H)^{b}$	云冷杉	51	0.844 234	−0.060 296
6	$B/V=a\,(D^2H)^{b}$	落叶松	99	1.121 615	−0.087 122
7	$B/V=a\,(D^2H)^{b}$	胡桃楸、黄菠萝	42	0.920 996	−0.064 294
8	$B/V=a\,(D^2H)^{b}$	硬阔叶类	51	0.834 279	−0.017 832
9	$B/V=a\,(D^2H)^{b}$	软阔叶类	29	0.471 235	0.018 332

注：引自李海奎和雷渊才（2010），表中字母同附录 3

附录5　森林环境空气质量监测系统
——北京植物园生态站

　　自美国驻华大使馆在其官方微博公布了北京城 $PM_{2.5}$ 数据后，这个一度混沌的空气质量概念，一夜间引发了国人各种讨论和猜测，成为人们生活常识的重要组成部分。近年来，由于大气环境中污染物、颗粒物的不断增多，有害气体、雾霾天气的频繁出现使得人们出行和居住的环境条件受到较大影响，环境空气质量也因此逐渐成为与人类福祉密切相关的重要因素之一。"穹顶之下，宣战雾霾。"那么，对森林来说，在 $PM_{2.5}$ 等颗粒物的吸附滞纳功能方面发挥了怎样的调控作用？什么树种吸附 $PM_{2.5}$ 等颗粒物的能力最强？什么结构的林带阻滞 $PM_{2.5}$ 等颗粒物的能力最强？森林滞留、吸收 $PM_{2.5}$ 等颗粒物的生理过程和生态机理如何？

　　为此，国家林业局设立了"森林对 $PM_{2.5}$ 等颗粒物的调控功能与技术研究"行业专项重大项目，该项目重点研究典型区域调控 $PM_{2.5}$ 等颗粒物的适宜树种和增强森林阻滞吸收能力的调控技术，并进行技术集成与示范。北京植物园生态站的建立，通过科学性、系统性、长期性的定位监测和研究逐步回答了这一系列相关的科学问题，并为提高人民群众幸福指数提供了更多的理论依据和技术支撑。

　　北京植物园生态站坐落于北京植物园树木园内，由中国林业科学研究院森林生态环境与保护研究所、北京市农林科学院林业果树研究所和北京植物园三家单位于 2013 年联合共建。主要针对森林环境空气质量进行监测和研究，包括森林对空气中不同粒径颗粒物的滞纳作用，对氮氧化物、二氧化硫、氟化物、一氧化碳和臭氧等的调控作用，以及释放负离子、挥发性有机物质的能力，实现了所有在线监测数据的实时在线传输和质量监控，提高了观测的科学性和可靠性，这为城市森林生态系统改善环境效应提供了基础数据和技术支撑。

如此名称

　　沿着林荫小道，森林环境空气质量的相关知识逐渐展示给大家。例如，颗粒物包含什么？PM$_{2.5}$究竟是什么？从哪里来？会给人类造成怎样的危害？怎样才能有效减少它在空气中的含量？森林是如何调控 PM$_{2.5}$ 等颗粒物浓度的？空气负离子是什么？它是如何产生的？对人类健康有哪些作用？森林植被释放的"植物精气"有哪些？对人体的益处体现在哪？"好空气，森林造，坏空气，森林克"，这句话形象地说出了森林对于改善空气质量的重要作用。

林间小路

　　当您在思考这些问题的过程中，不知不觉地来到了这个"神仙"小院。来访的贵客常常展现出不羡"神仙"羡"小院"的姿态，因为在这里，孕育了森林氧吧观测的先进技术，特别是量化地回答了森林植被在调控 PM$_{2.5}$ 等颗粒物过程中的重要作用。

"神仙"小院

院内景致

小院虽小，精良的设备、科学的方法、合理的布局，再配以优势树种，这阵容足以让 PM$_{2.5}$ 等颗粒物无处遁形。在这里，主要监测内容包括：林内外不同粒径颗粒物浓度的变化以及理化性质；空气负离子浓度的变化；气体污染物诸如二氧化硫、氮氧化物、臭氧、一氧化碳等浓度的变化；林内外气象要素的变化等。主要研究内容包括：森林植被对气体污染物的吸收能力；森林降温增湿功能的研究；不同植被类型对不同粒径颗粒物的调控能力；森林氧吧与人类福祉的关系等。

以植被类型对不同粒径颗粒物的调控能力为例，主要表现在减尘、滞尘、吸尘、降尘、阻尘几个方面。除了森林可通过覆盖地表减少 PM$_{2.5}$ 来源，起到减尘作用；叶面可吸附并捕获 PM$_{2.5}$，起到滞尘作用；植物表面可吸收和转移 PM$_{2.5}$，起到吸尘作用；树木的阻挡可降低风速促进 PM$_{2.5}$ 沉降，起到降尘作用；林带可改变风场结构阻拦 PM$_{2.5}$ 进入局部区域，起到阻尘作用。

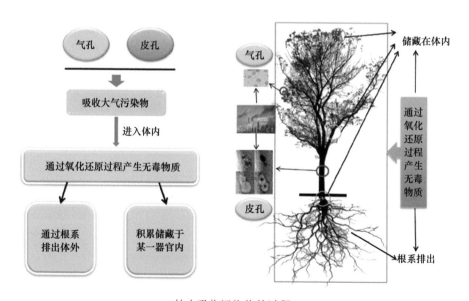

林木吸收污染物的过程

主要设施及设备

森林环境空气质量监测场

空气颗粒物气溶胶再发生实验室

林内气象站

负离子监测仪

林外气象站

森林空气环境质量监测设备

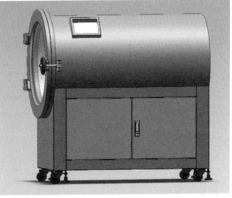

空气颗粒物气溶胶再发生器

主要研究进展

为幸福做主，让森林竖起保护健康的绿色屏障，通过不断地探索研究，目前已经在森林植被对 PM$_{2.5}$ 等颗粒物调控方面取得了重要的研究成果。

（一）期刊文章

Xiang Niu, Bing Wang, Wenjun Wei. Roles of ecosystems in greenhouse gas emission and haze reduction in China. Polish Journal of Environmental Studies. 2017.

Weikang Zhang, Bing Wang, Xiang Niu. Study on the adsorption capacities for airborne particulates of landscape plants in different polluted regions in Beijing(China). Int. J. Environ. Res. Public Health, 2015, 12(8): 9623-9638.

Weikang Zhang, Bing Wang, Xiang Niu. The relationship between leaves surface characters and capturing particles capacities of different tree species in Beijing. Forests, 2017.

Bo Chen, Shaowei Lu, Shaoning Li, Bing Wang. Impact of fine particulate fluctuation and other variables on Beijing's air quality index. Environ. Sci. Pollut. Res., 2015, 22(7): 5139-5151.

Bo Chen, Shaowei Lu, Yunge Zhao, Shaoning Li, Xinbing Yang, Bing Wang, Hongjiang Zhang. Pollution remediation by urban forests: PM2.5 reduction in Beijing, China. Pol. J. Environ. Stud., 2016, 25(5): 1873-1881.

Bo Chen, Shaoning Li, Xinbing Yang, Shaowei Lu, Bing Wang, Xiang Niu. Characteristics of atmospheric PM2.5 in stands and non-forest cover sites across urban-rural areas in Beijing, China. Urban Ecosyst., 2016, 19(2): 867-883.

王兵, 张维康, 牛香*, 王晓燕. 北京10个常绿树种颗粒物吸附能力研究. 环境科学, 2015, 36(2): 408-414.

房瑶瑶, 王兵, 牛香*. 树种叶片表面颗粒物洗脱特征与其微观形态的关系. 西北农林科技大学学报(自然科学版), 2016, 44(8): 119-126.

张维康, 王兵, 牛香*. 北京不同污染地区园林植物对空气颗粒物的滞纳能力. 环境科学, 2015, 36(7): 2381-2388.

房瑶瑶, 王兵, 牛香*. 叶片表面粗糙度对颗粒物滞纳能力及洗脱特征的影响. 水土保持学报, 2015, 29(4): 110-115.

张维康, 王兵, 牛香*.北京市常见树种叶片吸滞颗粒物能力时间动态研究. 环境科学学报, 2016, 36(10): 3840-3847.

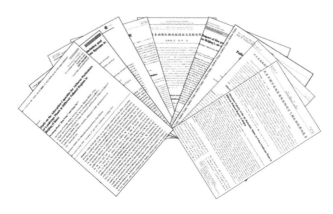

学 位 论 文

张维康. 2016. 北京市主要树种滞纳空气颗粒物功能研究. 北京林业大学博士学位论文

论文摘要：通过颗粒物再悬浮法、分布式测算方法，利用气溶胶再放生器、冠层分析仪、扫描电镜、原子力显微镜，分析了北京市主要树种在不同时间段、不同地点滞纳空气颗粒物的功能，特别是对 TSP、PM_{10}、$PM_{2.5}$ 的滞纳能力，同时研究了北京森林植被对空气颗粒物的净化功能。

主要研究结果如下：

（1）利用颗粒物再悬浮法，对北京市主要树种叶片滞纳空气颗粒物的能力进行了定量检测，结果发现：检测树种中，针叶树种的叶片平均滞纳颗粒物（TSP、PM_{10} 和 $PM_{2.5}$）的能力大于阔叶树种；针叶树种中侧柏、油松、雪松的滞纳能力最大，阔叶树种中银杏、栾树、蒙栎、刺槐、毛白杨叶片滞纳量最小。

（2）通过对北京市 6 种典型常规树种叶片滞纳能力随时间变化规律研究发现，在观测期间，油松和白皮松滞纳 TSP 和 PM_{10} 能力随季节呈 "U" 形趋势，在 8 月、9 月和 10 月最低，随后又逐渐上升；而阔叶树种旱柳、五角枫、银杏和毛白杨滞纳颗粒物的能力则呈倒 "U" 形趋势，在 7 月、8 月最高。但是观测树种滞纳 $PM_{2.5}$ 能力随时间变化而没有出现规律性变化；通过对叶片表面 AFM 结构观测发现，叶片表面微结构（绒毛长短、气孔密度、有无分泌油脂、粗糙度等因素）对叶片滞纳颗粒物的能力有着至关重要的影响。

（3）在不同的地点（五环和植物园），相同树种滞纳颗粒物的能力存在显著区别，五环周围的树种叶片单位叶面积滞纳 PM_{10} 的能力要高于植物园的，而相同树种叶片单位叶面积滞纳 $PM_{2.5}$ 则无明显差异。

（4）根据北京市第七次森林资源调查数据，在现有森林面积的情况下，北京市森林总共能够滞纳 TSP 为 $4.5128 \times 10^6 kg/a$，PM_{10} 为 $2.7413 \times 10^6 kg/a$，$PM_{2.5}$ 为 $1.0760 \times 10^6 kg/a$，$PM_{1.0}$ 为 $1.5990 \times 10^5 kg/a$。在计算不同林龄单位面积滞尘量时发现，针叶树种中，成熟林、过熟林滞尘量大于中龄林、幼龄林；而阔叶树种中，中熟林、成熟林滞尘量大于过熟林、幼龄林。

房瑶瑶. 2015. 森林调控空气颗粒物功能及其与叶片微观结构关系的研究. 中国林业科学研究院博士学位论文

论文摘要：本研究采用新型仪器气溶胶再发生器（QRJZFSQ-Ⅱ，中国），检测叶片表面颗粒物滞纳量；采用 Norton VeeJet 80100 型喷嘴式人工模拟降雨机，设置不同的降雨条件处理人工降尘后的叶片，研究不同树种叶片表面颗粒物充分洗脱所需的降雨量；采用 WinSCANOPY 调查不同树种林分不同林龄阶段的叶面积指数，为颗粒物滞纳功能的叶片—林分的尺度转换提供数据支持；运用分布式测算方法，结合关中地区的降水数据和相关森林生态参数进行林分—森林的尺度转换，对关中地区森林的颗粒物滞纳功能进行了估算。同时，还对不同树种叶片微观结构电镜扫描图片进行量化分析，并采用原子力显微镜检测获取不同叶片表面的三维微观结构图，分析叶片微观结构对叶片颗粒物滞纳功能和洗脱特性的影响。主要研究结果如下：

（1）气溶胶再发生器法分析结果显示，各树种对 TSP 的饱和滞纳量为 $2.80\sim17.93\mu g/cm^2$，对 PM_{10} 的饱和滞纳量为 $1.09\sim12.44\mu g/cm^2$，对 $PM_{2.5}$ 的饱和滞纳量为 $0.15\sim4.74\mu g/cm^2$。在所有测试树种中，针叶树种的颗粒物饱和滞纳量总体高于阔叶树种。

（2）采用气溶胶再发生器法和水洗称重法对相同降尘条件下的叶片颗粒物滞纳量进行了检测。结果证明，气溶胶再发生器法能够对颗粒物不同颗粒物粒径组分同时进行检测，弥补了水洗法无法检测可溶性颗粒物组分的不足，而且该方法实验周期更短、操作步骤更为简单，减少了因繁复的操作步骤导致的高误差频率，能够较为准确、快速地检测出不同树种叶片颗粒物滞纳量的差异。

（3）模拟降雨实验结果显示，不同树种叶片充分洗脱其滞纳的颗粒物所需的降雨量不同，在降水强度为 0.8mm/min 时，加杨、淡竹和银杏表面颗粒物充分洗脱需要的降雨量在测试树种中最少，为 7.9 mm；其次是核桃、旱柳、刺槐、锐齿槲栎、云杉和冷杉，为 11.3mm；白皮松、油松、樟子松、雪松、华山松、侧柏和圆柏最大，为 15.9mm。

（4）单位面积不同林分滞纳 TSP、PM_{10}、$PM_{2.5}$ 功能存在差异，其中颗粒物滞纳功能最强的林分对 TSP、PM_{10}、$PM_{2.5}$ 滞纳功能物质量分别为 $103.19\ kg/(hm^2 \cdot a)$、$71.57\ kg/(hm^2 \cdot a)$、$27.27\ kg/(hm^2 \cdot a)$。

（5）电镜扫描图片分析结果表明，分布均匀的蜡质层、凸起的表皮细胞不利于叶片滞纳颗粒物，气孔尺寸大、密度高、凹槽的面积比例大及表皮毛的存在，有利于叶片滞纳颗粒物。

学 术 交 流

　　北京植物园生态站主要承担数据积累、野外监测、科学研究、科普示范等相关任务。尤其是在京津冀协同发展的大趋势下，使绿色发展成为协同发展的底色，这就需要"走出去、请进来、协同创新发展"的理念。因此，通过合作交流、技术培训等途径，让广大群众更加了解森林治污减霾的功效。

科研人员现场培训

美国科学家来访

科研人员激烈讨论

国内高校科研人员来访

加拿大科学家学术来访

U0325866